İsmail Topaloğlu
Osman Gürdal

Elektromanyetik Fırlatıcılar

İsmail Topaloğlu
Osman Gürdal

Elektromanyetik Fırlatıcılar

İnsansız Hava Araçları için Lineer Elektromanyetik Fırlatıcı Sistemler

Türkiye Alim Kitapları

Impressum / Yayınevi adı
Bibliografische Information der Deutschen Nationalbibliothek: Die Deutsche Nationalbibliothek verzeichnet diese Publikation in der Deutschen Nationalbibliografie; detaillierte bibliografische Daten sind im Internet über http://dnb.d-nb.de abrufbar.

Deutsche Nationalbibliothek tarafından yayınlanan bibliyografik bilgiler: Deutsche Nationalbibliothek, bu yayını Deutsche Nationalbibliografie'de listeler; detaylı bibliyografik bilgi İnternet'te http://dnb.d-nb.de sitesinde mevcuttur.

Coverbild / Kitap kapağı resmi: www.ingimage.com

Verlag / Yayıncı:
Türkiye Alim Kitapları
ist ein Imprint der / yayınevinin bir ticari markasıdır
OmniScriptum GmbH & Co. KG
Heinrich-Böcking-Str. 6-8, 66121 Saarbrücken, Deutschland / Almanya
Email / E-posta: info@turkiye-alim-kitaplary.com

Herstellung: siehe letzte Seite /
Basım yeri: son sayfaya bakın
ISBN: 978-3-639-67007-3

Zugl. / Approved by: Ankara, Gazi Üniversitesi, 2013

ÖNSÖZ

İnsansız araç teknolojileri gün geçtikçe önem kazanmaktadır. Özellikle savunma sistemleri alanında sıklıkla kullanılan insansız hava araçları günümüzde ileri teknolojiler alanında üzerinde çok çalışılan konulardan biri haline gelmiştir. Günümüzde uçak gemilerinde ve birçok mobil fırlatma platformunda elektromanyetik fırlatıcı sistemler denenmektedir. Bu fırlatma sistemleri çok uzun uçak kalkış mesafelerini çok kısa mesafelere indirebilmektedir. Bu özelliklerinden dolayı gelecekte sivil hava araçları için de bu fırlatıcı sistemlerin kullanılmasının kaçınılmaz olacağı öngörülmektedir.

Bu kitapta insansız hava araçları için lineer elektromanyetik fırlatıcı sistem tasarımı ve tasarım optimizasyonu üzerine bilgiler bulunmaktadır. Genel olarak elektromanyetik fırlatıcı sistem tasarımı, hem elektromanyetik hem de mekanik olarak incelenmiştir. Bir elektromanyetik fırlatıcının nasıl boyutlandırılacağı tartışılmış, tasarlanan sistemin elektromanyetik analizleri ve hazırlanan tasarım ve optimizasyon yazılımı bilgileri yer almıştır. Örnek bir uygulamaya yer verilmiştir. Örnek uygulama *Çankırı Karatekin Üniversitesi BAP birimi tarafından 2012/25 proje numarası* ile desteklenmiştir.

Elektromanyetik fırlatıcılar kitabının lisans ve lisansüstü düzeyde çalışma yapan araştırmacılar için iyi bir yardımcı kaynak olacağını umarız. Kitabın geliştirilmesine katkı yapacak tüm görüş ve önerileriniz değerlendirilecektir.

İÇİNDEKİLER

Sayfa

ÇİZELGELERİN LİSTESİ

Çizelge **Sayfa**

ŞEKİLLERİN LİSTESİ

Şekil **Sayfa**

SİMGELER VE KISALTMALAR

Bu çalışmada kullanılmış bazı simgeler ve kısaltmalar, açıklamaları ile birlikte aşağıda sunulmuştur.

Simgeler	**Açıklama**
$\vec{J}$	Akım yoğunluğu, vektörel (A/m^2)
$\vec{B}$	Manyetik akı yoğunluğu, vektörel (Tesla)
$\vec{H}$	Manyetik alan şiddeti, vektörel (A/m)
μ_r	Bağıl manyetik geçirgenlik (H/m)
μ_0	Boş uzayın geçirgenliği (H/m)
Φ	Manyetik akı (Wb)
$\vec{A}$	Manyetik vektör potansiyeli (Wb/m)
E_0	Yüksüz çalışma gerilimi (volt)
V_1	Faz başına terminal gerilimi (volt)
x_{sl}	Kaçak reaktans (ohm)
x_m	Mıknatıslanma reaktansı (ohm)
ω	Açısal hız (rad/sn)
K_W	Sargı faktörü
P_{elm}	Elektromanyetik güç
B_g	Hava aralığı akısı (Tesla)
p_1	Kutup sayısı
f_t	Açısal kuvvet (Nm)
l_i	İdeal yığın uzunluğu (m)
l_{fe}	Aktif yığın uzunluğu (m)
τ	Kutup yayı uzunluğu (m)

N_s	Stator oyuk sayısı
m	Faz sayısı
a	Paralel kol sayısı
V_n	Terminal gerilimi (volt)
K_{fill}	Oyuk doluluk katsayısı
b_s	Oyuk genişliği (mm)
h_s	Oyuk yüksekliği (mm)
τ_s	Kutup adımı (m)
B_y	Boyunduruk akı yoğunluğu (Tesla)
η	Verim
$cos\varphi$	Güç katsayısı
l_a	A fazı uzunluğu (m)
l_b	B fazı uzunluğu (m)
l_c	C fazı uzunluğu (m)
ρ_{cu}	Bakır yoğunluğu (kg/m^3)
ρ_{fe}	Demir yoğunluğu (kg/m^3)
G_{cu}	Bakır ağırlığı (kg)

Kısaltmalar	**Açıklama**
3D	Üç boyutlu
2D	İki boyutlu
LİM	Lineer İndüksiyon Motor
SNLP	Sequential nonlinear programming
SMINLP	Sequential mixed nonlinear programming

1. GİRİŞ

Elektromanyetik fırlatıcıların çalışmasının temel ilkesi, elektromanyetik teoriye dayanır. Gerçekleştirilmek istenen durum, değişen ya da hareket eden güçlü bir elektromanyetik alan yaratılarak, hareket ettirilecek ya da fırlatılacak nesnenin bu elektromanyetik alanı takip etmesini sağlamaktır. Kuramsal olarak elektromanyetik alanın hareket etme hızında bir sınır olmadığı için, itici kuvvetin hızına ulaşması beklenen durumda, hızlandırılan nesne için de bir hız limiti yoktur. Elektromanyetik fırlatıcılar ile ilgili çalışmalar, 1980'lerin öncesinden beri ABD'de ciddi olarak takip edilmektedir. İlk çalışma bir kaç gramdan daha ağır kütlelerin yüksek hızlarla fırlatılabileceğini göstermek için yapılmıştı. Bu çalışmalardan sonra manyetik olarak kaldırılan trenleri içeren manyetik tahrik, elektromanyetik mancınıklar (katapult) kullanılarak uçakların fırlatılması, metallerin uzaya fırlatılması, küçük mermilerin aşırı yüksek hızlarda fırlatılması, füzyon reaktörleri için yakıt elde etmek amacı ile eritilerek elde edilen ufak topların hızlandırılması vb. birçok konuda yaygınlaşmıştır.

Hareket eden elektromanyetik alan ile nesneleri hareket ettirmek ilkesinden yararlanılarak, farklı tipte uygulamalar yapmak mümkündür. Aslında bu yeni değildir; günlük hayatta sık sık kullandığımız elektrik motorları bunun çok genel uygulamalarıdır. Bu fırlatıcı türünde asenkron motorlarda olduğu gibi, elektromıknatıslara benzer bir yapı kullanılmaktadır. Bir sargıdan akım aktığında sargının çevresinde manyetik alan oluşturacaktır. Sargının iç hacminde bu manyetik akı yoğunlaşacaktır. Metalik bir cisim (iletken) sargının yakınına yerleştirilecek olursa manyetik akı, düşük relüktanslı olması nedeniyle bu cisim içinden akmayı tercih edecek ve manyetik indüksiyon oluşturarak cismi içine çekecektir [1–2].

İyi bilindiği üzere ülkemizde bu alanda özellikle yerli savunma sanayi kullanımını geliştirmek için birçok çaba harcanmaktadır. Yapılması düşünülen sistemin çok amaçlı olarak kullanılabileceği de düşünüldüğünde geliştirilen teknolojiler hakkında literatür oluşturması açısından bu çalışma büyük önem arz etmektedir. Bu çalışmada tasarlanacak sistem uçak gemilerinden uzay sistemlerine, roket rampa sistemlerine kadar birçok uygulamanın temelini oluşturmaktadır. Günümüzde ne yazık ki ülkemizin geri kaldığı görülen bu alanlarda çok ciddi çalışmalar nitelikli araştırmacı yoksunluğu ve birçok sebepten gerçekleştirilememiştir. Ancak bu çalışma ile birlikte yukarıda anılan sistemler ve daha birçok uygulama alanı için en temel ve gerekli sistem olan elektromanyetik fırlatıcı tasarımı gerçekleştirilecektir. Bu çalışmada tasarlanacak sistemin insansız hava araçları için kullanılması planlanmaktadır.

Mühendislik Tasarımı, önceden belirlenen koşul ve sınırlamalar ya da yükümlülükleri bozmadan içinde bir dizi belirgeni olmayan hedeflerin de gerçekleştirilmeye çalışıldığı özel bir problem çözme yoludur. Bu nedenledir ki, bir tasarım problemini bir optimizasyon problemi gibi görmek doğal gelebilir. Çağdaş modelleme, benzetim ve optimizasyon tekniklerini işin içine sokarak tasarımda çok büyük gelişmeler elde edilebilir. Ayrıca, otomasyonda hiçbir optimizasyon stratejisine uymayan, sayıya dökülemeyen fikirler veya insana ihtiyaç duyulacak tasarım süreçleri her zaman olacaktır.

Doğrusal indüksiyon motorları, doğrudan doğrusal hareket sağlaması, az sürtünme, az kayıp, yüksek güvenilirlik ve kolay imalatı nedeniyle doğrusal hareket sağlamada artan bir kullanıma sahiptir. Her ne kadar bu tip motorların literatürde analitik incelemesine odaklanılsa da ve birçok çalışma yapılsa da, bu alandaki araştırma çabaları devam etmektedir. Özellikle, motorun daha doğru tasarım ve analizindeki ihtiyaçlar çok önemli bir gereksinimdir. Bu nedenle, bu çalışma doğrusal endüksiyon motoru için yeni bir tasarım yazılımı geliştirmeyi ve mobil bir fırlatma sisteminde kullanmak için tek taraflı bir lineer indüksiyon motorun uygulamasını kapsamaktadır.

Yapılan bu çalışmada ilk bölümde çalışmanın amacı tartışılmış ve giriş bilgilerine yer verilmiştir. İkinci bölümde lineer indüksiyon motor tasarımı, optimizasyon ve insansız hava araçlarına ait bilgiler verilmiştir. Bu bölümde literatür derinlemesine incelenmiş ve elde edilen bilgiler sunulmuştur. Çalışmanın üçüncü bölümünde lineer indüksiyon motor tasarımı incelenmiş ve tasarım eşitlikleri verilmiştir [3-12]. Bu bölümde literatürdeki kaynaklardan yararlanılmış ve çalışmanın bütünlüğünü korumak amacıyla çalışmaya eklenmiştir. Dördüncü bölümde endüstride ve akademide kullanılan optimizasyon teknikleri incelenmiş ve geliştirilen optimizasyon algoritmasının matematiği ve geliştirilen amaç fonksiyonları sunulmuştur. Çalışmanın beşinci bölümünde geliştirilen yazılım ve elektromanyetik benzetim çalışmaları hakkında detaylı bilgi verilmiştir. Altıncı bölümde ise elektromanyetik fırlatıcı sistemin mekanik tasarımı üzerinde durulmuş ve imalat resimlerinin hazırlanması hakkında bilgi verilmiştir. Yedinci ve son bölümde elde edilen deneysel çalışma sonuçları ve diğer sonuçlar değerlendirilmiştir.

2. LİTERATÜRDE ELEKTROMANYETİK FIRLATICILAR

2.1. Giriş

Lineer indüksiyon motorların analizini içeren literatürde bir çok çalışma vardır. Ancak bunlardan birkaç tanesi direk olarak tek taraflı lineer indüksiyon motorun tasarımına odaklanmıştır. Lineer indüksiyon motorun tasarımı ve analizi temel olarak iki şekilde yapılmaktadır. Bunlar analitik ve nümerik tekniklerdir. Lineer indüksiyon motorlar klasik indüksiyon motorlardan farklı olarak başlangıç ve uç yöndeki hareketinden dolayı farklı bir karakteristiğe sahiptir. Bu özellikler lineer indüksiyon motorda farklı etkilere yol açmaktadır. Bunlar enine ve boyuna etki olarak adlandırılmaktadır. Lineer indüksiyon motorun karakteristiği elde ederken bu değerlerin hesaba katılması gerekmektedir. Bu etkilerin performansa etkilerini inceleyen bir çok hesaplama tekniği vardır. Ayrıca bu hesaplama tekniklerin kullanıldığı performans etkilerinin incelendiği bir çok lineer indüksiyon motor tasarımı bulunmaktadır. Çalışmanın bu kısmında literatürde incelenen bu çalışmalardan bahsedilecektir.

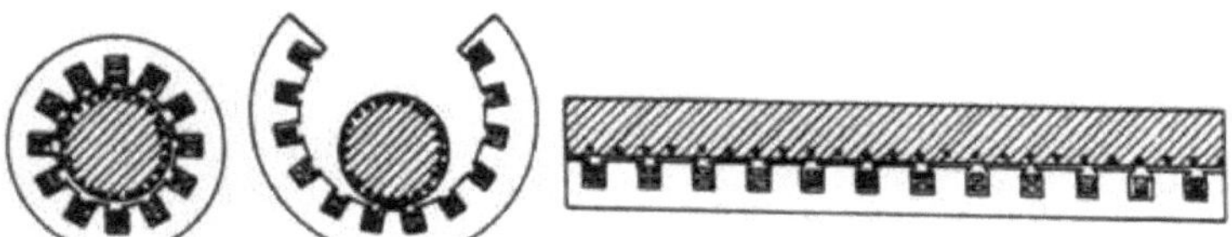

Şekil 2.1 Lineer indüksiyon motor ile klasik indüksiyon motor temsili gösterimi

Şekil 2.1'de klasik indüksiyon motorun açılmış şekli gibi gösterilen bir lineer indüksiyon motor gösterimi sunulmaktadır [3].

2.2. Literatür İncelemesi

Literatürde lineer indüksiyon motor hakkında ilk patent 1890 yılında ortaya çıkmıştır. Sadece klasik indüksiyon motor prensibinden iki yıl sonra lineer indüksiyon motor prensiplerinden bahseder. İngilterede, Waver Jacquard ve Electric Shuttle Company 1895 yılında lineer indüksiyon motorun kullanıldığı elektrikli mekik tezgah dokuma makinesi için patent almıştır. 1891 yılında bagaj taşımacılığı için "Portelectric sistemi" Dorchester, Massachusetts'de test edilmiştir [4]. Tren fikri ilk olarak Korda tarafından ortaya atılmış fakat Rosenfeld, Zelenay ve Dulait tarafından uygulaması yapılmış ve test edilmiştir. Test pisti 400 m uzunluğunda ve 2,8 m primer uzunluğu olan bir lineer indüksiyon motor kullanılmıştır. 1902 yılında Zehden, fransız patent enstitüsüne yüksek hızlı tren taşımacılık sisteminde kullanılmak üzere lineer indüksiyon motor tasarımı sunmuşlardır. Benzer olarak 1907 yılına kadar Birleşik Devletlerde hızlı tren taşımacılık sisteminde kullanılmak üzere benzer tasarımlar patent altına alınmıştır [5–6–7]. 1910'lu yılların sonunda II. Dünya savaşının sonuna kadar elektromanyetik fırlatma ve elektromanyetik silahlar konusu hariç olmak üzere lineer motorlara olan ilgi azalmıştır [8].

1940'lı yıllara gelindiğinde Westinghouse Electric Corporation tarafından Birleşik Devletler için büyük ölçekli iki çalışma gerçekleştirmiştir [9]. Yapılan çalışma "electropult" olarak adlandırılmış ve gemi güvertesinde 425 metre uzunluğunda hareketli kısım 30 cm uzunluğunda ve 12000 kw elektrik gücünde bir tasarım ortaya çıkarmışlardır. Fırlatma işlemi 300 m boyunca ve 4 ila 15 dakika arasında 100 m/s hız ile devam ediyordu. Kalan 125 m ise frenleme amacıyla kullanılıyordu.

Bu dönemde nükleer enerjinin gelişimi, sıvı metaller için elektromanyetik pompalar gibi yeni çalışmalara yol açmıştır. Halka şeklindeki doğrusal indüksiyon pompası ve düz lineer indüksiyon pompası lineer asenkron motorlar benzer bir çalışma şekline sahipti. Ayrıca, elektrik üretmek için yeni yollar arama ve incelemelere yol açtı. Sıvı faz magnetohidrodinamik (MHD) jeneratörler, senkron hızın üzerinde çalışarak elektrik üretirler [10].

Aynı dönemde, E.R. Laithwaite, indüksiyon motor üzerine çalışmalar yapmaya başladı. Özellikle lineer indüksiyon motorun farklı konfigürasyonlarının performans ve tasarım çeşitlerini inceledi, elde ettiği sonuçları kitabında yayınlamıştır [11]. Lineer indüksiyon motorlar hareketin başlangıç ve sonu düz bir hat boyunca meydana geldiği için motorda bir etki oluşmaktadır. Bu durum uç etkisi olarak adlandırılmaktadır. Bu durumu inceleyen bir çok deneysel çalışma mevcuttur. Uç etkisi motor performansını iyi yönde etkilememektedir.

Yamamura [12] ve Poloujadoff [13], lineer indüksiyon motorların teorik temelleri üzerine çalışmalar yapmışlardır. Özellikle çalışmaları, tek taraflı lineer indüksiyon motorları enine uç etkisi üzerine yoğunlaşmıştır. Nasar ve Boldea, lineer indüksiyon motorların hemen hemen tüm çeşitleri üzerine çok detaylı çalışmalar yapmışlardır. Kitaplarında araştırma sonuçlarını ve yaptıkları araştırmaları yayınlamışlardır [14]. Gieras, yaptığı çalışmalarda lineer indüksiyon motorun tasarım çeşitleri, farklı konfigürasyonlarındaki performans incelemeleri gibi konuları detaylı olarak incelemiştir [15]. Lineer indüksiyon motorun tasarımında literatürde bir çok çalışma vardır. Ancak bunlardan sadece birkaç tanesi bu çalışmanın da amaçlarından biri olan tek taraflı lineer indüksiyon motorun tasarımına odaklanmıştır. R. M. Pai ve I. Boldea lineer indüksiyon motor için tam bir eşdeğer devre modeli gerçekleştirmiştir [16].

1988 yılında, Anthony R. Eastham ve J. F. Gieras yaptıkları çalışma ile tek taraflı lineer indüksiyon motorlarda faz dengesizliği nedenleri ve sonuçlarını göstermişlerdir

[17]. Bu çalışmada, faz dengesizliği değerlendirilmesi için iki yöntem sunulmuştur. Birinci Analitik yöntem, bir eşdeğer devre model esas alınmaktadır. İkinci sayısal bir yaklaşım, sonlu elemanlar metodu kullanılmaktadır.

1993 yılına gelindiğinde Zhang, Eastham ve Dawson yaptıkları çalışmada parametre tanımlama yöntemiyle lineer indüksiyon motorun dinamik performansını incelemişlerdir. Sundukları yöntemde klasik indüksiyon motorları temel alınmış ve nominal değerlerin bu sonuçlardan elde edilebildiği bir bilgisayar programı algoritması geliştirmişlerdir [18]. Aynı zamanda bu algoritmadan elde edilen sonuçlar lineer indüksiyon motorun kontrol sistemlerinde de kullanılabilmektedir.

1995 yılında E. R. Laithwaite yaptığı çalışmada daha büyük kütleli cisimlerin daha kısa mesafelerde daha hızlı hareketinin sağlanmasına yönelik tasarımlar ortaya koymuştur. 200 kg'lık bir cisim 1500 m boyunca ve 1200 m/s hızla hareket ettirilmiştir. Yapılan bu çalışma sayesinde daha büyük kütleli cisimlerin daha az mesafede hareket etmelerine olanak sağlayacak birçok tasarımlar gerçekleştirilmiştir [19]. Bu çalışmada kullanılan tasarım tekniğinin çok geniş bir uygulama alanı olduğuna inanılmaktadır.

1997 yılında, Simone, G.A, Creppe, R. C. ve de Souza, C. Yaptıkları çalışmada lineer indüksiyon motorda itme kuvveti ve ilişki faktörü diye adlandırdıkları K_R katsayısını tanımlamışlardır. İtme kuvveti için gerekli diğer parametreler ile ilişkileri tanımlamaktadırlar ve lineer indüksiyon motorların önemli parametrelerinden biridir [20]. Yarı iletken fabrikalarında ürün nakliyesi sırasında toz hiç istenilmeyen bir durumdur ve bu amaçla lineer indüksiyon motorlar kullanılmaktadır.

2000 yılında Jawad Faiz, yaptığı çalışmada arka demir plakadaki aluminyum kalınlığının motor performansına etkilerini incelemiştir. Geliştirdiği eşdeğer devre modelinde bir boyutlu ve iki boyutlu sonlu elemanlar analizlerini içeren bir yaklaşım kullanmıştır. Geliştirilen bu metodla enine uç etkisi değeri de hesaba katılmıştır. Ayrıca geliştirilen yöntem diğer motor parametreleriyle birlikte motor performansının geliştirilmesinde kullanılmıştır [21].

Birçok başarılı uygulamasını iletişim alanında gördüğümüz ve uygulamaları sadece yüz yıllık bir geçmişe sahip olan elektromanyetik (EM) dalgalar, yeni bir boyutta daha karşımıza çıkıyor. Varlıkları milattan önceki çağlarda fark edilen elektrik ve manyetik alanlar, ancak teknolojinin de yeterli olgunluğa ulaşması ile birlikte çağımızda gün geçtikçe artan uygulama alanları bulmaktadır. Elektromanyetik fırlatıcılar ile ilgili çalışmalar, 1980'lerin öncesinden beri ABD'de ciddi olarak takip edilmektedir. İlk çalısma bir kaç gramdan daha ağır kütlelerin yüksek hızlarla fırlatılabilecegini göstermek için yapılmıştı [22]. ABD Ordusu ve İleri Savunma Arastırma Projeleri Ajansı (DARPA) tarafından gerçeklenen ilk başarılı fizibilite çalışmasının ardından, ABD'nin çalışmaları manyetik olarak kaldırılan trenleri içeren manyetik tahrik, elektromanyetik mancınıklar (katapult) kullanılarak uçakların fırlatılması, metallerin uzaya fırlatılması, küçük mermilerin aşırı yüksek hızlarda fırlatılması, füzyon reaktörleri için yakıt elde etmek amacı ile eritilerek elde edilen ufak topların hızlandırılması vb. birçok konuda yaygınlasmıstır.

Daha sonra 1985'lerde DARPA, ABD Denizcilik işletmeleri ve ABD Ordusunun gelişmiş zırhlı savaş araçlarını yenilgiye uğratabilecek kapasiteye sahip arazi savaş araçları için elektromanyetik fırlatıcı teknolojilerini değerlendirmeye yönelmesiyle [23], ABD Savunma Bilimi Biriminin (DSB) desteği ile ABD'nin araştırmaları tekrar elektromanyetik fırlatıcılar konusuna yönelmistir. Fakat bu yönelmede hâlihazırda kullanılabilen teknolojiler, SDIO'nun belirledigi ihtiyaçları karşılamaktan uzak kalmıştır. Çünkü zırhlı araçları tahrip etmek amacı ile fırlatılacak mermilerin tüm uçuşları atmosferin yoğun olduğu yerlerde gerçekleşecek olması nedeni ile fırlatma hızları, 3 km/s ve asağısına limitlenmiş durumda kalmıştır. Bu ise elektromanyetik fırlatıcıların ağır savaş araçlarının önündeki zırhlarını delme (tahrip etme) kabiliyetini zorlaştıran bir etkendir. Bu nedenle sonraki elektromanyetik fırlatıcı sistemlerinde yüksek verim amaçlı, raylı silahlardan fırlatmalar için plazma armatürleri yerine katı armatürler seçilmiştir. Potansiyel güç kaynakları olarak da kondansatörler ve darbeli alternatörler kullanılmıştır. Günümüzün gelisen teknolojisi askeri alanda da inanılmaz boyutlara ulaşabilmekte, var olan silahların geliştirilmesi ve etkilerinin artırılmasının yanında, yeni tiplerde silahlar da araştırılmakta ve geliştirilmektedir.

Hareket eden elektromanyetik alan ile nesneleri hareket ettirmek ilkesinden yararlanarak, farklı tipte uygulamalar yapmak mümkündür. Aslında bu yeni değildir; günlük hayatta sık sık kullandıgımız elektrik motorları bunun çok genel uygulamalarıdır. Bu fırlatıcı türünde asenkron motorlarda olduğu gibi elektromıknatıslara benzer bir yapı kullanılmaktadır. Bir sargıdan akım aktığında sargının çevresinde manyetik alan olusturacaktır. Sargının iç hacminde bu manyetik akı yoğunlaşacaktır. Metalik bir cisim (mermi) sargının yakınına yerlestirilecek olursa manyetik akı, düşük relüktanslı olması nedeniyle bu cisim içinden akmayı tercih edecek ve manyetik indüksiyon oluşturarak cismi içine çekecektir.

Lineer indüksiyon motorların ilgi çekici diğer bir çalışma alanı olan toplu taşımacılıkta kullanılması fikri son on yılın en dikkat çekici çalışmaların yapılmasına olanak sağlamıştır. Rensselaer Polytechnic Institute, çok hızlı lineer indüksiyon motorların tasarlanıp kullanıldığı metro hatları oluşturmuşlardır [24].

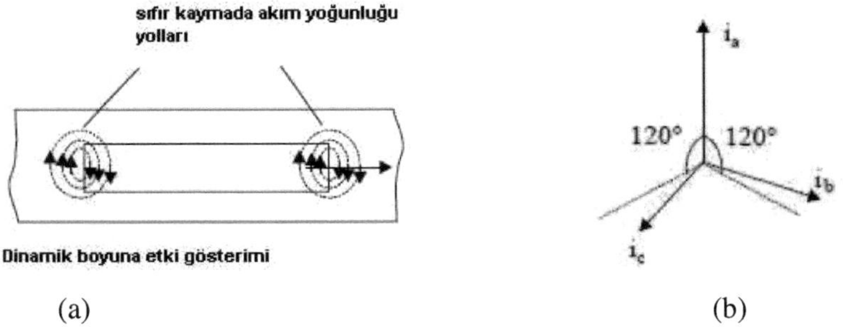

Şekil 2.2. Dinamik ve statik boyuna etki gösterimi. (a) Dinamik boyuna etki, (b) Statik boyuna etki

Lineer indüksiyon motorda manyetik devre her iki uçta da açıktır. Bu da hava aralığında istenmeyen manyetik akı dolaşmasına neden olmaktadır. Bu durum dinamik boyuna etki olarak adlandırılmaktadır ve şekil 2.2 a'da görülebilmektedir. Ayrıca kısa tasarımlarda fazlar asimetrik olmak zorunda kalabilmektedir. Bu duruma statik boyuna etki denmektedir ve şekil 2.2 b'de görülebilir.

Aynı primer uzunluğunda olmalarına rağmen lineer indüksiyon motor arka demir manyetik akı dağılımı hareket etmiyen bir akı döngüsüne sahiptir. Bu durum şekil 2.3 a'da görülebilmektedir. Bu durum tasarım aşamasında dikkate alınıp hesaba katılması gereken bir olaydır. Ayrıca şekil 2.3 b'de lineer motor enine etki gösterilmektedir. Bu her iki durum lineer motor performansında istenmeyen sonuçlar doğurmaktadır. Bu durumların elimine edilmesi için hem analitik hem sayısal, sonlu elemanlar metodunu içeren birçok yaklaşım ve hesaplama algoritması geliştirilmiştir.

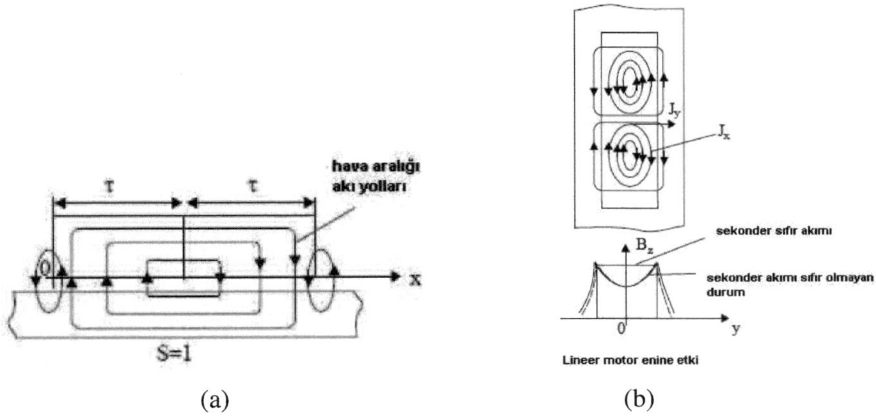

Şekil 2.3. Lineer motor arka demir akı dağılımı ve enine etki gösterimi, (a) Arka demir akı dağılımı, (b) Lineer motor enine etki

Sabit akım ve gerilim uyartımı altında üç boyutlu lineer indüksiyon motor tasarımına ait matematiksel model elde edilmiştir. Elde edilen bu model tasarımcılara çok hızlı tasarımlar ortaya çıkarma imkanı vermektedir. Literatürde bu temelle hazırlanmış birçok analitik hesaplama modeli bulunmaktadır [25-26].

Başka bir çalışmada hava aralığı akı yoğunluğu eşitliği geliştirilerek tek taraflı lineer indüksiyon motorun performansında enine uç etkisi, uç etkisi ve deri etkisi değerlerini hesaba katan bir yöntem sunmaktadırlar [27].

Düşük hızlı tek taraflı lineer indüksiyon motorların tasarım optimizasyonunda çok amaçlı optimizasyon metodları kullanılarak hem verim hem de güç faktörü iyileştirilmeye çalışılmış ve farklı motor özelliklerini de analitik olarak hesaplayarak motorun performans değerleri elde edilmiştir. Ayrıca motordaki güç faktörü ve verim üzerine odaklanmış ve bu parametreleri geliştirmeye yönelik birçok algoritma ve hesaplama yöntemi mevcuttur [28].

Son yıllarda süperiletken teknolojisinde yaşanan gelişmeler elektromanyetik fırlatıcılar konusunda kendini göstermiştir. Yapılan bir çalışmada sargılar süper iletken malzemeden yapılmış ve başlangıç durumdaki itme kuvveti farklı gerilim ve frekanslarda gözlemlenmiştir. Eşdeğer devre metodu ve sonlu elemanlar metodu kullanılarak statik manyetik akı dağılımları ve elektromanyetik parametreler doğrulanmıştır [29].

Başka bir çalışmada lineer indüksiyon fırlatıcının parçalı bir modeli oluşturulmuş ve daha ağır sistemlerin fırlatılması için tasarlanmıştır. Çalışmada akım tabakası konsepti kullanılarak manyetik, mekanik ve elektriksel parametreler hesaplanmıştır [30].

Kalıcı mıknatıslı lineer motor ve klasik lineer indüksiyon motor güç faktörü değerleri açısından başka bir çalışmada araştırılmış ve kalıcı mıknatıslı tasarımların güç faktörü açısından daha iyi sonuçlar verdiği görülmüştür. Ancak kalıcı mıknatıslı tasarımların çok yüksek ağırlıkları fırlatmada mıknatısların fiziksel olarak belli bir limit dahilinde imal edilebilmelerinden dolayı çok iyi sonuçlar vermediği görülmüştür [31].

Başka bir çalışmada parçalı bir tasarıma sahip olan lineer indüksiyon fırlatıcı sistem imal edilmiştir. Bu tasarımda her bir parça üç fazlı sargılardan oluşan ve farklı frekanslarda çalışan bir tasarım yapısına sahiptir. Pratik olarak sistem ilk çalışma anında düşük frekans ile çalışmakta yumuşak bir başlangıç ile hız yol grafiğine göre istenilen hıza kadar diğer parçalarda frekans arttırılmaktadır. Fırlatma işleminin sonuna gelindiğinde frekans tekrar azaltılarak sistemin fren aşamasına geçmesi düşünülmüştür. Ancak böyle bir yapı için her ayrı fırlatıcı sistem parçası için bir sürücü gerekmektedir. Fırlatma düşüncesi pratik olarak uygun olmakla beraber maliyet olarak çok uygun görülmemektedir. Çalışmada ayrıca hareketli parçanın frenleme işlemi için klasik anlayıştan farklı bir yol kullanılmıştır [32].

Literatürde karşılaşılan farklı konfigürasyonlardaki makine topolojileri incelenmiş ve literatür matrisi olarak çizelge 2.1 de verilmiştir.

Çizelge 2.1 Literatür matrisi

	ELEKTROMANYETİK FIRLATICI KONUSUNDA İNCELENEN ÇALIŞMALAR									
YAZAR İSİMLERİ/ARAŞTIRMALAR	**KMLS M**	**KMFD AM**	**LA RM**	**DC LM**	**LİB/ M**	**SEF**	**ET F**	**ET KF**	**SF S**	
Yaohong Sun, Ping Yan, Weiqun Yuan, Jun Li,	xxx		xxx			xxx				
H Robertson					xxx					
R. Haghmaram ve A. Shoulaie					xxx	xxx				
John R. Hull, Lynnette M. Carney									xx x	
First A. Baoquan Kou, Second B. Liyi Li	xxx			xxx		xxx	xx x			
J F Eastham, T Cox, J Proverbs					xxx					
Nan CHEN, Yuejin TANG, Fang GUO									xx x	
Hong Sun Lim, R. Krishnan, N. S. Lobo			xxx							
Mary Catharıne Baker, Byron D. Barrett,								xx x		
Mehran Mirzaei ve Seyed Ehsan Abdollahi	xxx									
Luhai Zheng, Jianxun Jin					xxx					
J. E Gieras ve Z J. Piech	xxx		xxx		xxx					
Majid Ghassemi, Yasser Molayi Barsi							xx x			
B.V. Jayawant, J.D. Edwards, L.S. Wickramaratne	xxx				xxx					
Harry D. Fair					xxx			xx x		
A. Balikci, Z. Zabar, L. Birenbaum, ve D. Czarkowski					xxx	xxx				
Javier Ríos Quesada, Jean-	xxx									

Frédéric Charpentier										
Thomas G. Engel, Jesse M. Neri				xxx						
M . A . Bourham. J . G . Gilligan.							xxx	xxx		
H . Krumm, ve *F* . Venier							xxx			
Mehran Mirzaei ve Seyed Ehsan Abdollahi	xxx			xxx						
Stumberger, G., Zarko, D., Aydemir M.T., Lipo, T.A,	xxx				xxx				xxx	
T. Miller (Sürücü Devreler Üzerine Çalışmalar)	xxx	xxx	xxx	xxx	xxx					

KMLSM: Kalıcı Mıknatıslı Lineer Senkron Makine., LARM:Lineer Anahtarlamalı Relüktans Makine, KMFDAM: Kalıcı Mıknatıslı Fırçasız Doğru Akım Makine, DCLM: Doğru Akım Lineer Makine, LİB: Lineer İndüksiyon Bobin/Makine, SEF: Silindirik Elektromanyetik Fırlatıcı, ETF: Elektro-Termal Fırlatıcı, ETKF: Elektro-Termal-Kimyasal Fırlatıcı, SFS: Süperiletken Fırlatma Sistemleri.

Literatür matrisi incelendiğinde Kalıcı Mıknatıslı Lineer Senkron Makine, Lineer Anahtarlamalı Relüktans Makine, Kalıcı Mıknatıslı Fırçasız Doğru Akım Makine, Doğru Akım Lineer Makine, Lineer İndüksiyon Bobin/Makine, Silindirik Elektromanyetik Fırlatıcı, Elektro-Termal Fırlatıcı, Elektro-Termal-Kimyasal Fırlatıcı ve Süperiletken Fırlatma Sistemlerinin başlıca araştırma konularını oluşturduğu görülmektedir. Son zamanlarda çalışmalar kalıcı mıknatıslı makine ve indüksiyon makine tipinde arttığı görülmektedir. Bunun ana sebebi yapılarının basit olmasından kaynaklanmaktadır. Ayrıca süperiletken alanında yapılan gelişmeler, termal ve kimyasal alandaki malzeme gelişmeleri yapılan çalışmaların limit noktalarını belirlemektedir. Literatür matrisi incelendiğinde bazı makine tiplerinde diğerlerine oranla daha az araştırma yapıldığı görülmektedir. Bunun ana sebebi tercih edilen makine topolojilerinin fırlatma işlemi sürecine çok uygun olmamasından kaynaklanmaktadır. Kalıcı mıknatıslı fırçasız doğru akım motoru buna bir örnektir.

Literatürde, elektromanyetik fırlatma için tasarlanmış olan benzer sistemler incelendiğinde sistemin başlangıç tasarım parametreleri olarak adlandırabileceğimiz iki temel hız-zaman tasarım profili mevcuttur. Şekil 2.4 de görülebilir.

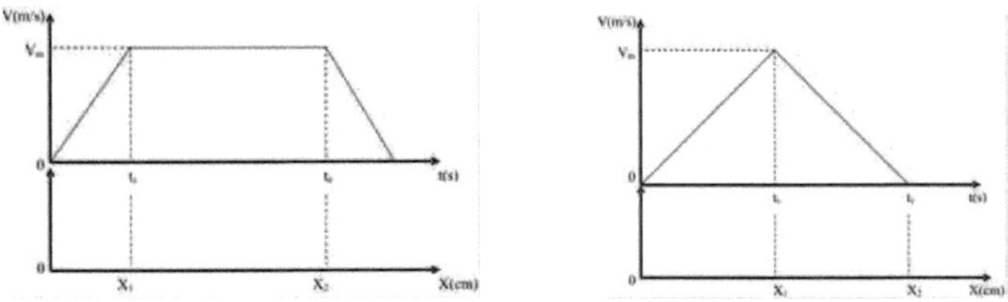

(a) (b)

Şekil 2.4. Hız zaman grafikleri (a) Profil–1, (b) Profil–2

Profil-1'de yamuk bir hız-zaman grafiğine göre sistem tasarımı şekillenirken profil-2'de üçgen bir hız zaman grafiğine göre şekillenmektedir.

Tasarımda hareketi tanımlamak için kullanılacak temel eşitlik profil-1 için:

$$x_0 + v_0 t = \frac{1}{2} a t^2 \tag{2.1}$$

eğer hız ve zaman biliniyorsa ivme Eş. 2.1 kullanılarak hesaplanılabilir:

$$a = \frac{2x}{9{,}81 t^2} \tag{2.2}$$

ile hesaplanabilir.

Profil-2 için hız ve zaman biliniyorsa ivme eşitliği:

$$a = \frac{4x}{9{,}81t^2} \tag{2.3}$$

Newton'un ikinci hareket kanunu "$F=m \cdot a$" kuvvet ve ivmeyi çevirmede kolay bir yol sağlamaktadır.

Amaç ve hedefler

Literatür incelendiğinde ağırlık sınıfı olarak hafif sınıf olarak adlandırılan insansız hava gözlem araç teknolojilerinde çok hızlı gelişmeler yaşanmaktadır. Ancak bu araçların kalkışı için gereken fırlatma sistemlerinde gelişmeler aynı hızda gelişmemektedir. Yapılan bu tez çalışmasında hafif sınıf insansız hava araçlarında kullanılabilecek elektromanyetik bir fırlatma sistemi tasarımı ve uygulaması gerçekleştirilecektir. Bu çalışma da aşağıdaki hedeflere ulaşılmaya çalışılmıştır. Bunlar;

- Elektromanyetik fırlatma sistemi tasarımında kullanılacak geometrik boyut tasarım programının geliştirilmesi.
- Elektromanyetik fırlatma sistemi tasarımında kullanılacak geometrik boyut optimizasyon programının geliştirilmesi.
- Elektromanyetik fırlatma sistemi için tek taraflı lineer indüksiyon motor tasarımının ve uygulamasının yapılması.
- Tasarlanılan sistemin sonlu elemanlar analizi ile benzetiminin yapılması.

olarak söylenilebilir.

Hali hazırda literatürde lineer indüksiyon motor geometrik boyut hesaplama programı ve optimizasyon yazılımına rastlanmamıştır. Bu yüzden bu çalışma da hem tasarım hem de optimizasyon için bir yazılım hazırlanmıştır. Hazırlanılan yazılım kullanılarak tek taraflı lineer indüksiyon motorun tasarımı ve boyut optimizasyonu gerçekleştirilmiştir.

2.3. İnsansız Hava Araçları

İnsansız hava araçları farklı yetenek ve limitler dahilinde tasarlanmışlardır. Fonksiyonlarına ve diğer yeteneklerine genelde gözlem amacıyla ihtiyaç duyulmaktadır. Bu nedenledir ki hafif, fonksiyonel ve insansız uaçabilmeleri nedeniyle gün geçtikçe popüler olmuşlardır [29]. Bu çalışma da tasarlanan lineer indüksiyon motor insansız hava araçları için alternatif bir uçuş kalkış yardımcı sistem olarak kullanılacağı için bu bölümde insansız hava araçları hakkında bilgi verilecektir.

Şekil 2.5. I-Gnat UA insansız hava aracı

Çizelge 2.2. I-Gnat UA insansız hava aracı tasarım özellikleri

Tasarım özellikleri	**Teknik değer**
Kanat açıklığı	12.87 m
Ağırlık	703 kg
Uçuş mesafesi	2,780 km
Uçuş hızı	160 knot-296 km/s
Havada kalma süresi	48 Saat

Ulaşabildiği en yüksek irtifa	9144 m
Kalkış mesafesi	609 m

Şekil 2.6. Hunter UA insansız hava aracı

Çizelge 2.3. Hunter UA insansız hava aracı tasarım özellikleri

Tasarım özellikleri	**Teknik değer**
Kanat açıklığı	8.84 m
Ağırlık	725 kg
Uçuş mesafesi	125 km
Uçuş hızı	70 knot-129,5 km/s
Havada kalma süresi	8-9 Saat
En yüksek irtifa	4572 m
Kalkış mesafesi	487 m

Şekil 2.7. Shadow RQ-7B UA insansız hava aracı

Çizelge 2.4. Shadow RQ-7B UA insansız hava aracı tasarım özellikleri

Tasarım özellikleri	**Teknik değer**
Kanat açıklığı	3.97 m
Ağırlık	158,76 kg
Uçuş mesafesi	125 km
Uçuş hızı	70 knot-129,5 km/s
Havada kalma süresi	5 Saat
Kalkış mesafesi	100 m

Şekil 2.8. Raven UA insansız hava aracı

Çizelge 2.5. Raven UA insansız hava aracı tasarım özellikleri

Tasarım özellikleri	**Teknik değer**
Kanat açıklığı	1,37 m
Ağırlık	5,44 kg
Uçuş mesafesi	8-12 km
Uçuş hızı	23 knot-42,55 km/s
Havada kalma süresi	1,5 Saat
En yüksek irtifa	1452 m
Kalkış mesafesi	1 m

Şekil 2.9. Global Hawk RQ-4A insansız hava aracı

Çizelge 2.6. Global Hawk RQ-4A insansız hava aracı tasarım özellikleri

Tasarım özellikleri	**Teknik değer**
Kanat açıklığı	35,42 m
Ağırlık	11,600 kg
Uçuş mesafesi	648
Kalkış mesafesi	702

Şekil 2.10. Predator B MQ-9A insansız hava aracı

Çizelge 2.7. Predator B MQ-9A insansız hava aracı tasarım özellikleri

Tasarım özellikleri	**Teknik değer**
Kanat açıklığı	20,12 m
Ağırlık	4540 kg
Uçuş mesafesi	405 km

Uçuş hızı	403 knot-745,55 km/s
Havada kalma süresi	24 Saat
Ulaşabildiği en yüksek irtifa	13700 m
Kalkış mesafesi	453 m

Şekil 2.11. Pointer FQM-151 insansız hava aracı

Çizelge 2.8. Pointer FQM-151 insansız hava aracı tasarım özellikleri

Tasarım özellikleri	**Teknik değer**
Kanat açıklığı	1,83 m
Ağırlık	4,3 kg
Uçuş mesafesi	80 km
Uçuş hızı	43 knot-79,55 km/s
Havada kalma süresi	18 Saat
En yüksek irtifa	300 m
Kalkış mesafesi	1 m

Şekil 2.12. Scan Eagle insansız hava aracı

Çizelge 2.9. Scan Eagle insansız hava aracı tasarım özellikleri

Tasarım özellikleri	**Teknik değer**
Kanat açıklığı	3,05 m
Ağırlık	18 kg
Uçuş mesafesi	120 km
Uçuş hızı	75 knot-138,7 km/s
Havada kalma süresi	15 Saat
En yüksek irtifa	4880 m
Kalkış mesafesi	3,5 m

Şekil 2.13. RQ-11 RAVEN UA insansız hava aracı

Çizelge 2.10. RQ-11 RAVEN UA insansız hava aracı tasarım özellikleri

Tasarım özellikleri	**Teknik değer**
Kanat açıklığı	2,74 m
Ağırlık	54 kg
Uçuş mesafesi	73 km
Uçuş hızı	46 knot-85,1 km/s
Havada kalma süresi	1 Saat
Ulaşabildiği en yüksek irtifa	300 m
Kalkış mesafesi	15 m

Şekil 2.14. TAI-ANKA-A UA insansız hava aracı

Çizelge 2.11. TAI-ANKA-A UA insansız hava aracı tasarım özellikleri

Tasarım özellikleri	**Teknik değer**
Kanat açıklığı	17,3 m
Ağırlık	1600 kg
Uçuş mesafesi	685 km
Uçuş hızı	185 knot-342,25 km/s
Havada kalma süresi	36 Saat

Ulaşabildiği en yüksek irtifa	14500 m
Kalkış mesafesi	446 m

Şekil 2.15. TAI-TURNA UA insansız hava aracı

Çizelge 2.12. TAI-TURNA UA insansız hava aracı tasarım özellikleri

Tasarım özellikleri	**Teknik değer**
Kanat açıklığı	2,30 m
Ağırlık	70 kg
Uçuş mesafesi	50 km
Uçuş hızı	180 knot-333 km/s
Havada kalma süresi	1,5 Saat
Ulaşabildiği en yüksek irtifa	3600 m
Kalkış mesafesi	446 m

Şekil 2.5'ten 2.15'e kadar gösterilen insansız hava araçları gözlem amacıyla kullanılmaktadır. Bu araçlar kendi içerisinde elektrik motorlu ve içten yanmalı motorlu olarak ayrılmışlardır. İçten yanmalı motor kullanılan tiplerde yakıt taşıma sorunu bulunmaktadır. Elektrikli motor taşıyan sistemlerde batarya ihtiyacı doğmaktadır. İçten yanmalı motorlu insansız hava araçları çok yüksek irtifalarda uzun mesafeler gidebilmektedir. Ancak taşıdıkları yakıtın bir limiti olduğu için

genelde havada kalma sürelerini bu limit belirlemektedir. Ayrıca çok uzun mesafelerde kalkış ihtiyaçları olduğundan kalkarken ve inerken bir piste ihtiyaç duyarlar.

Küçük tipteki insansız hava araçlarında ise elektrikli motor kullanımı tercih edilir. Ancak bu durumda bazı limitler getirir. Örneğin kısa kalkış mesafesine karşın havada kalma süreleri de bir o kadar azdır. Ayrıca çok yüksek irtifalara çıkamazlar, gözlemleme kapasiteleri kısıtlıdır.

Çizelge 2.2'den 2.12'ye kadar ilgili insansız hava araçlarının tasarım özellikleri verilmiştir. Bu çizelgelerdeki değerler fırlatma sistemi tasarımında giriş tasarım parametresi olarak kullanılmıştır.

3. LİNEER İNDÜKSİYON MOTOR TASARIMI

3.1. Giriş

Lineer indüksiyon motorun çalışması aynı klasik indüksiyon motorlarda olduğu gibidir. Bir lineer indüksiyon motorun klasik sincap kafesli bir indüksiyon motorun açılmış ve yatay hale gelmiş şekli gibi düşünmek yanlış olmaz. Bu yatay makine klasik indüksiyon makinesinden farklı olarak dönel bir tork yerine lineer bir kuvvet üretmektedir. Lineer indüksiyon motorlar birkaç bin Newton kuvvet üretecek şekilde tasarlanabilmektedir. Tasarımdaki sargı yapısı ve uygulanan frekans lineer motorun hızını belirlemektedir. Bu bölümde literatürdeki temel kitaplardan yararlanılmıştır [3-12]. Lineer indüksiyon motor diğer motor tiplerinden farklı bir yapıya sahip olduğu için tezin bu bölümünde LİM'e ait tasarım eşitlikleri verilmiştir [12].

Lineer indüksiyon motorun temel çalışma ilkesi klasik sincap kafesli indüksiyon motor ile aynıdır. Üç fazlı klasik makinada stator ve rotor makinanın temel iki parçasıdır. Bu makine tipinde stator sargıları dengeli faz sargılarının stator oluklarına düzgün bir şekilde yerleştirilmesiyle oluşmaktadır. Bu sargılar enerji ile uyarıldığı zaman hava aralığında sinüzoidal bir manyetik alan meydana getirirler. Bu manyetik alan rotoru keser ve rotorda bir akım dolaşır, dolaşan bu akım bir manyetik alan meydana getirir ve iki manyetik alanın kesişmesinden dolayı bir kuvvet oluşur [30].

3.2. Temel Boyutlandırma Eşitlikleri

Lineer motorda klasik indüksiyon motorda olduğu gibi dönel bir manyetik alan yerine lineer bir itme kuvveti oluşmaktadır. Ayrıca stator manyetik alanının hızı ile lineer motordaki hareketli kısmın manyetik alanın hızı arasında bir fark oluşmaktadır. Bu durum kayma olarak adlandırılır. Stator senkron manyetik alan hızı V_s ve hareketli kısım manyetik hızı V_r olmak üzere kayma S ile Eş. 3.1 deki gibi tanımlanabilir.

$$S = \frac{V_s - V_r}{V_s} \tag{3.1}$$

Burada stator senkron hızı klasik indüksiyon motordaki gibi Eş. 3.2'de tanımlanabilir.

$$V_s = \frac{2\omega R}{p} = 2f\tau \tag{3.2}$$

Kutup adımı τ iki komşu kutup arasındaki mesafedir. Eş. 3.3 ile tanımlanmaktadır.

$$\tau = \frac{2\pi R}{p} \tag{3.3}$$

Klasik indüksiyon motordaki stator çevresi lineer makinede L_s olarak ifade edilen stator uzunluğuna eşittir. Bu durumda lineer makinada kutup adımı Eş. 3.4 ile ifade edilebilir.

$$\tau = \frac{2\pi R}{p} = \frac{L_s}{p} \tag{3.4}$$

3.2.1. Akım tabakası konsepti

Daha önce bahsedildiği üzere indüksiyon makinesi stator sargıları birçok sargıdan meydana gelmiştir. Sargılardaki her bir sargı stator olukları içinde yer almaktadır. Akım taşıyan bu sargılar laminasyonlu çelik üzerinde hava aralığına kadar bir akım dolaştırmaktadır. Bu akım, akım tabakası olarak adlandırılmaktadır. Bu akım tabakası aynı sargıların hava aralığında ürettiği gibi sinüzoidal bir manyeto-motor kuvvet üretecektir [31].

Üretilen bu akım yoğunluğu stator boyunca devam edeceği için Eş. 3.5 deki gibi tanımlanabilir.

$$J_m = \frac{2\sqrt{2} m k_w N_c I_l}{L_s} \tag{3.5}$$

Burada, J_m akım tabakası kuvveti (A/m), m faz sayısı, k_w sargı faktörü, N_c oluktaki iletken sayısı, I_l giriş akımı RMS değeri ve L_s de stator uzunluğudur.

Sargı faktörü k_w, adım katsayısı k_p ve dağıtım katsayısı k_d değerlerinin çarpımından elde edilmektedir. Eş. 3.6 ile ifade edilebilir.

$$k_w = k_p k_d \tag{3.6}$$

Adım katsayısı k_p de Eş. 3.7'deki gibi tanımlanabilir.

$$k_p = \sin\left(\frac{\theta_p}{2}\right) \tag{3.7}$$

Adım katsayı değerini tanımladıktan sonra geriye dağıtım katsayı değerini tanımlamak kalıyor. Dağıtım katsayı değeri *kd* Eş. 3.8 ile tanımlanmıştır.

$$k_d = \frac{\sin\left(\frac{q_1\alpha}{2}\right)}{q_1 \sin\left(\frac{\alpha}{2}\right)} \qquad (3.8)$$

α burada elektriki olarak oluk açısı değerini ifade etmektedir ve Eş. 3.9 ile gösterilmiştir.

$$\alpha = \frac{\pi}{mq_1} \qquad (3.9)$$

Bir kutup adımı 180 elektrik derecesine eşittir. Tam bir sargı açısı tam bir kutup adımına eşit olacaktır. Bu da demektir ki adım faktörü 1'dir. Bu yüzden sargı faktörü tam kutup adımında temel harmonikleri içerecek şekilde yazılacak olursa Eş. 3.10 elde edilir.

$$k_w = \frac{\sin\left(\frac{\pi}{2m}\right)}{q_1 \sin\left(\frac{\pi}{2mq_1}\right)} \qquad (3.10)$$

Burada q_1, oluk/kutup/faz sayısı şeklinde ifade edilebilir.

3.2.2. Güç ve giriş faz akım değeri

Elektrik indüksiyon prensibi gereği giriş elektrik gücü sargılar yardımıyla mekanik güce çevrilir. Lineer indüksiyon motordaki giriş elektrik gücü Eş. 3.11 ile tanımlanabilir.

$$P_i = mV_l I_l \cos\phi \quad (3.11)$$

Burada, m faz sayısı V_l ve I_l sırasıyla giriş gerilimi ve akım değerleridir. $\cos\phi$ değeri isi V_l ve I_l arasındaki faz açısıdır. Bu giriş gücü sargılarda meydana gelecek bakır kayıpları, stator nüvesinde ve dişlerde meydana gelecek kayıplar ve diğer kayıpları içerir. Bu giriş gücü kayıplardan sonra hareketli kısma iletilir. Hareketli kısımdaki kayıpları ihmal edecek olursak lineer indüksiyon motordaki çıkış gücü Eş. 3.12'deki gibi tanımlanabilir.

$$P_o = F_s V_r \quad (3.12)$$

Burada, F_s elektromanyetik itme kuvveti V_r ise daha önce tanımlandığı üzere hareketli kısım hızıdır. Eş. 3.11 ve Eş. 3.12 kullanılarak lineer motor verimi Eş. 3.13'deki gibi gösterilebilir.

$$\eta = \frac{P_o}{P_i} = \frac{F_s V_r}{mV_l I_l \cos\phi} \quad (3.13)$$

Eş. 3.13 de giriş akım değerini tasarım parametresi olarak kullanmak üzere çekecek olursak Eş. 3.14 elde edilir.

$$I_l = \frac{F_s V_r}{mV_l \eta \cos\phi} \quad (3.14)$$

3.2.3. Kaçak akı ve indüklenen gerilim

N tur sarımlı bir sargı I akımı taşıyorsa ve bu akım ϕ akısı oluşturuyorsa, hava aralığında oluşan bu akının tamamen sinüzoidal olduğunu varsayarsak, oluşan bu akı Eş. 3.15 ile gösterilebilir.

$$\phi = \phi_p \sin \omega t \quad (3.15)$$

Burada, ϕ_p kutup başına akı büyüklüğü değeridir. Elde edilen bu değer ile indüklenen gerilim ifadesi değeri bulunabilir. Her sargıdaki ve her sarımda akı değeri ile indüklenen gerilim ifadesi Eş. 3.16 ile gösterilebilir.

$$e = \frac{d\phi}{dt} = \omega\phi_p \cos \omega t \quad (3.16)$$

İndüklenen gerilimin RMS değeri Eş. 3.17 ile ifade edilmektedir.

$$E_1 = \frac{2\pi}{\sqrt{2}} f\phi_p = \sqrt{2}\pi f\phi_p \quad (3.17)$$

Eğer sargı N_l faz başına sarımsa ve sargı faktörü k_w ise Eş. 3.18'deki gibi yazılabilir.

$$E_1 = \sqrt{2}\pi f\phi_p k_w N_l \quad (3.18)$$

Ortalama manyetik akı yoğunluğu değeri artık hesaplanabilir. Oluşan akı değerini toplam kesit alanına böldüğümüzde lineer indüksiyon motor için ortalama manyetik akı yoğunluğu değerini elde ederiz ve Eş. 3.19 ile gösterilebilir.

$$B_{ort} = \frac{\phi_p p}{L_s W_s} \quad (3.19)$$

Burada W_s stator genişliği değeri, L_s stator nüve uzunluğu ve p kutup sayısı değeridir. Eğer hava aralığında oluşan akının sinüzoidal olduğunu varsayarsak, maksimum manyetik akı yoğunluğu değerini elde edebiliriz ve Eş. 3.20 ile gösterilir.

$$B_{ort} = \frac{2}{\pi} B_g \tag{3.20}$$

3.2.4. Lineer indüksiyon motor oluk boyutlandırma eşitlikleri

Bu tipteki makineler için hava aralığı çok önemli bir parametredir. Etkili hava aralığı değeri g_e ve fiziksel hava aralığı değeri g_0 oluklu stator yapısı yüzünden farklıdır [32]. Gieras'a göre bu değerler etkili hava aralığı ve mekanik hava aralığı değerleri için sırasıyla Eş. 3.21 ve 3.22'de ifade edilmiştir [15].

$$g_e = k_c g_0 \tag{3.21}$$

$$g_0 = g_m + d \tag{3.22}$$

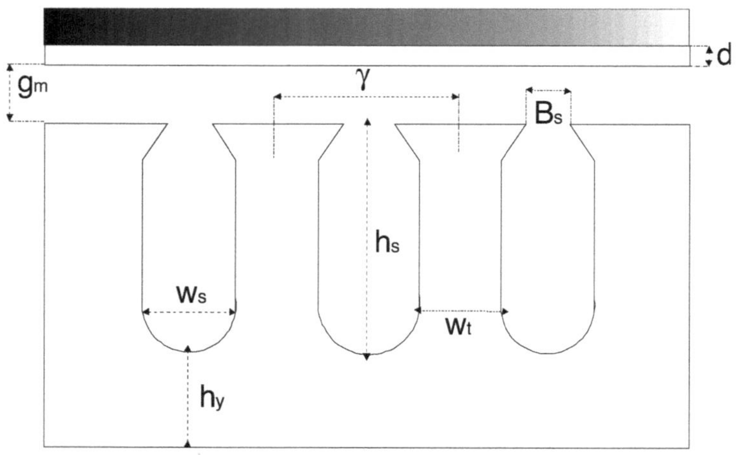

Şekil 3.1 Lineer indüksiyon motorun geometrik yapısı

Şekil 3.1 de görüldüğü üzere lineer indüksiyon motorun oluk yapısı ve bu yapıyı oluşturan geometrik uzunluklar tanımlanmıştır. Eş. 3.22'de verilen manyetik hava aralığı değeri, d iletim plakası kalınlığı olmak üzere carter katsayısı Eş. 3.23 ile tanımlanabilir [33].

$$k_c = \frac{\lambda}{\lambda - \lambda g_0} \tag{3.23}$$

λ parametresi oluk adımını ifade etmektedir. Stator oluk dişi iki merkezi arasındaki uzaklık olarak tanımlanabilir. Eş. 3.24 ile ifade edilir.

$$\lambda = \frac{\tau}{mq_1} \tag{3.24}$$

Oluk adımı ifadesini daha açık yazacak olursak Eş. 3.25 elde edilir.

$$\gamma = \frac{4}{\pi}\left[\frac{w_s}{2g_0}\arctan\left(\frac{w_s}{2g_0}\right) - \ln\sqrt{1+\left(\frac{w_s}{2g_0}\right)^2}\right] \tag{3.25}$$

Oluk adımı değeri oluk genişliği ve diş genişliği değerlerinin toplamıdır. Buradan oluk genişliği değeri Eş. 3.26'daki gibi hesaplanabilir.

$$w_s = \lambda - w_t \tag{3.26}$$

Burada, w_t diş genişliği değeridir. Stator dişlerindeki manyetik doyumu önlemek için minimum diş genişliği değerinden geçebilecek maksimum manyetik akı yoğunluğu değerinin bilinmesine gerek vardır. Minimum diş genişliği değeri Eş. 3.27 ile tanımlanabilir.

$$w_t = \frac{\pi}{2} B_g \frac{\lambda}{B_t} \tag{3.27}$$

Stator oluk derinliği değerini hesaplayabilmek için kesit alanı değerinin bilinmesine ihtiyaç vardır. Kesit alanı değerini hesaplayabilmek için de oluktaki iletken sayısı değerinin bilinmesi gerekmektedir. Oluk derinliği, kesit alanı ve oluktaki iletken sayısı değerleri sırasıyla Eş. 3.28, 3.29 ve 3.30'da tanımlanmıştır.

$$h_s = \frac{A_s}{w_s} \tag{3.28}$$

$$A_s = \frac{10}{7} N_c A_w \tag{3.29}$$

$$N_c = \frac{N_l}{p q_1} \tag{3.30}$$

İzolasyon'suz sargı iletken kesit alanı Eş. 3.31 ile hesaplanılabilir.

$$A_w = \frac{I_l}{J_l} \tag{3.31}$$

Burada I_l giriş faz akımı, J_l stator akım yoğunluğu değeridir. Akım yoğunluğu değeri tasarımda kullanılan soğutma tipine ve makine çıkış gücüne bağlı olarak değişir. Genelde hava tipli soğutmalı tasarımlarda bu değer 4,5-6 A/mm^2 olarak seçilmektedir.

Stator boyunduruk yüksekliği değeri, eğer boyunduruk akı değeri ihmal edilirse Eş. 3.32'deki gibi yazılabilir.

$$h_y = \frac{\Phi_p}{2B_y W_s} \tag{3.32}$$

3.3. Lineer İndüksiyon Motor Eşdeğer Devre Modeli

Tek taraflı lineer indüksiyon motor tasarım ve analizinde bazı motor etkileri ilk aşamada göz ardı edilmiştir. Bunlar enine etki ve uç etkisi gibi değerlerdir. Eşdeğer devre parametreleri lineer indüksiyon motor parametreleri kullanılarak hesaplanmıştır. Buradan elde edilen değerler ile de motora ait verim ve itme kuvveti gibi performans değerleri hesaplanmıştır [34].

Şekil 6'da görüleceği üzere klasik indüksiyon motor ile lineer indüksiyon motor arasında bir faz eşdeğer devre gösterimi arasında fark yoktur. Sadece parametrelerin elde ediliş biçimleri farklıdır. Eşdeğer devre modeli bir faz eşdeğer devre esas alınarak oluşturulmuştur.

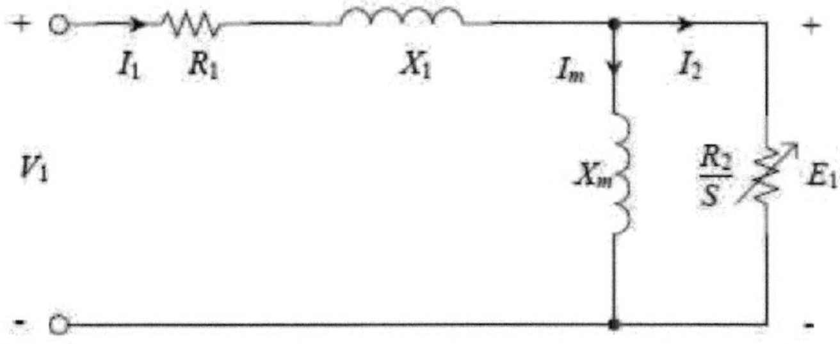

Şekil 3.2 Lineer indüksiyon motor eşdeğer devresi

Lineer motordaki ince iletken tabaka uygulanan frekanslar küçük olduğu zaman çok küçük bir deri etkisi özelliği göstermektedir. Bu yüzden eşdeğer devrede rotor indüktansı ihmal edilebilecek kadar küçüktür.

$$R_1 = \rho_w \frac{l_w}{A_{wt}} \tag{3.33}$$

Eş. 3.33 de faz başına stator sargı direnci değeri hesaplaması gösterilmektedir. Burada l_w bakır iletken uzunluğu ve A_{wt} ise sargı kesit alanı değeridir. Bakır iletken uzunluğu değeri Eş. 3.34 ile hesaplanabilir.

$$l_w = N_l l_{wl} \tag{3.34}$$

Burada l_{wt} Eş. 3.35 ile tanımlanır.

$$l_{wl} = 2(W_s + l_{ce}) \tag{3.35}$$

Sargı uç bağlantı uzunluğu l_{ce} Eş. 3.36 ile hesaplanmaktadır.

$$l_{ce} = \frac{\theta_p}{180^o}\tau \tag{3.36}$$

Stator sargılarının ürettiği akı tamamen hareketli bölümün ürettiği akı ile bağlantılı değildir. Stator oluklarında kaçak akılar vardır. Dolayısıyla stator oluk kaçak reaktansı X_1 de kaçak vardır. Lineer motordaki stator oluk kaçak reaktansı Eş. 3.37 ile tanımlanmaktadır.

$$X_1 = \frac{2\mu_0 \pi f \left[\left(\lambda_s \left(1 + \frac{3}{p} \right) + \lambda_d \right) \frac{W_s}{q_1} + \lambda_e l_{ce} \right] N_l^2}{p} \tag{3.37}$$

Burada;

$$\lambda_s = \frac{h_s (1 + 3k_p)}{12 w_s} \tag{3.38}$$

$$\lambda_e = 0.3(3k_p - 1) \tag{3.39}$$

$$\lambda_d = \frac{5\left(\frac{g_e}{w_s} \right)}{5 + 4\left(\frac{g_0}{w_s} \right)} \tag{3.40}$$

olarak Eş. 3.38, 3.39 ve 3.40'da tanımlanmaktadır.

Mıknatıslanma reaktansı X_m Eş. 3.41'de tanımlanmıştır.

$$X_m = \frac{24 \mu_0 \pi f W_{se} k_w N_l^2 \tau}{\pi^2 p g_e} \tag{3.41}$$

Burada, k_w sargı faktörü, g_e eşdeğer hava aralığı değeri ve W_{se} değeri ise stator genişliği değerini ifade etmektedir. W_{se} eşdeğer stator genişliği değeri Eş. 3.42 ile tanımlanmaktadır.

$$W_{se} = W_s + g_0 \tag{3.42}$$

Hareketli kısım direnci R_2 kaymanın bir fonksiyonu olarak tanımlanmaktadır. Faz başına mıknatıslanma reaktansı ve iyilik faktörü değerleri kullanılarak hesaplanılabilir. Eş. 3.43 ile gösterilmiştir.

$$R_2 = \frac{X_m}{G} \tag{3.43}$$

İyilik faktörü ise;

$$G = \frac{2\mu_0 f \tau^2}{\pi \left(\frac{\rho_r}{d} \right) g_e} \tag{3.44}$$

Eş. 3.44 ile tanımlanabilir.

Şekil 6'da gösterilen eşdeğer devre modeli kullanılarak hareketli kısım faz akımı hesaplanacak olursa Eş. 3.45 elde edilir.

$$I_2 = \frac{X_m}{\sqrt{\left(\frac{R_2}{S} \right)^2 + X_m^2}} I_l \tag{3.45}$$

R_2 direnci hesaplamalarını farklı bir şekilde gösterecek olursak Eş. 3.46 elde edilir.

$$I_2 = \frac{I_l}{\sqrt{\left(\frac{1}{(SG)^2} \right) + 1}} \tag{3.46}$$

3.4. Verim ve İtme Kuvveti

Daha önce bahsedildiği üzere motor giriş gücünü sargılar yardımıyla mekanik enerjiye çevirmektedir. Giriş gücü sargılar yardımıyla önce manyetik alan olarak hava aralığına oradan hareketli bölüme aktarılmaktadır. Eşdeğer devre modeli kullanılarak lineer indüksiyon motor çıkış gücü ifadesi kaymanın da bir fonksiyonu olarak Eş. 3.47'deki gibi yazılabilir.

$$P_o = mI_2^2 \frac{R_2}{S} - mI_2^2 R_2 = mI_2^2 R_2 \left(\frac{1-S}{S} \right) \tag{3.47}$$

Eş. 3.47 kullanılarak lineer indüksiyon motordaki itme kuvveti hesaplanacak olursa Eş. 3.48 elde edilir.

$$F_s = \frac{mI_2^2 R_2}{V_s S} \tag{3.48}$$

Eş. 3.48 itme kuvveti hesabında kullanılan en klasik yöntemdir. I_2 akımı yerine I_1 akımı kullanılarak da itme kuvveti hesaplanılabilir. Bu durum da Eş. 3.49 elde edilir.

$$F_s = \frac{mI_1^2 R_2}{\left[\frac{1}{(SG)^2} + 1 \right] V_s S} \tag{3.49}$$

Lineer indüksiyon motor aktif giriş gücü çıkış gücü ve stator ve rotor bakır kayıplarının toplamıymış gibi yazılabilir. Bu durumda Eş. 3.50 elde edilir.

$$P_i = P_o + mI_1^2 R_1 + mI_2^2 R_2 \tag{3.50}$$

İtme kuvveti değeri ve stator senkron hızının çarpımından elde edilen çıkış gücü değerini yerine yazarsak Eş. 3.51 elde edilir.

$$P_i = F_s V_s + mI_1^2 R_1 \tag{3.51}$$

Çıkış gücü değerinin giriş gücü değerine oranıyla da lineer indüksiyon motor verim değeri elde edilir. Eş. 3.52 ile gösterilmiştir.

$$\eta = \frac{P_o}{P_i} \tag{3.52}$$

Lineer indüksiyon motorlarda stator yığın genişliğinden dolayı enine etki dediğimiz hava aralığında istenmeyen akıların dolaşması durumu vardır. Burada R_2 hareketli kısım direnci, K_{tr} çarpımsal faktördür. Bu durum matematiksel olarak gösterilecek olursa ve mıknatıslanma reaktansı çarpımsal faktör ile çarpılırsa sırasıyla Eş. 3.53, 3.54, 3.55, 3.56, 3.57, 3.58, 3.59, 3.60, 3.61, 3.62, 3.63, 3.64, 3.65 ve 3.66 elde edilir.

$$k_{tr} = \frac{k_x^2}{k_R} \frac{1 + \left(\frac{SGk_R}{k_x} \right)^2}{1 + S^2 G^2} \geq 1 \tag{3.53}$$

$$k_{tm} = \frac{k_R}{k_x} k_{tr} \leq 1 \tag{3.54}$$

$$k_R = 1 - \mathrm{Re}\left[(1 - jSG)\frac{2\lambda_t}{\alpha W_s}\tanh\left(\frac{\alpha W_s}{2}\right)\right] \tag{3.55}$$

$$k_x = 1 + \mathrm{Re}\left[(j + SG)\frac{2SG\lambda_t}{\alpha W_s}\tanh\left(\frac{\alpha W_s}{2}\right)\right] \tag{3.56}$$

$$\lambda_t = \frac{1}{\left[1 + \sqrt{1 + jSG}\tanh\left(\frac{\alpha W_s}{2}\right)\tanh\frac{\pi}{\tau}\left(c - \frac{W_s}{2}\right)\right]} \tag{3.57}$$

$$\alpha = \frac{\pi}{\tau}\sqrt{1 + jSG} \tag{3.58}$$

$$k_{sk} = \frac{2d}{d_s}\left[\frac{\sinh(2d/d_s) + \sin(2d/d_s)}{\cosh(2d/d_s) - \sin(2d/d_s)}\right] \tag{3.59}$$

$$k_p \approx \frac{\mu_0\tau^2}{\pi^2}\left(\frac{1}{\mu_i\delta_i g_0 k_c}\right) \tag{3.60}$$

$$\delta_i = \mathrm{Re}\left\{\frac{1}{\left[\frac{\pi^2}{\tau^2} + j2\pi f_1\mu_i\frac{S\sigma_i}{k_{tri}}\right]^{1/2}}\right\} \tag{3.61}$$

$$K_{tri} \approx \frac{1}{\left[1 - \frac{2\tau}{\pi W_s}\tanh\left(\frac{\pi W_s}{2\tau}\right)\right]} \tag{3.62}$$

$$G = \frac{2\mu_0 f_1 \sigma_e \tau^2 d}{\pi g_0 k_l k_{sk} k_c (1 + k_p)} \qquad (3.63)$$

$$g_{ei} = \frac{k_l k_c}{k_{tm}} (1 + k_p) g_0 \qquad (3.64)$$

$$\sigma_{ei} = \frac{\sigma}{k_{sk} k_{tr}} + \frac{\sigma_i \delta_i}{k_{tri} d} \qquad (3.65)$$

$$G_{ei} = \frac{2\mu_0 f_1 \tau^2 \sigma_{ei} d}{\pi g_{ei}} \qquad (3.66)$$

Özet olarak, enine etki aşağıdaki durumlarda belirgin olarak görünmektedir. Bunlar;

- Hareketli kısım direncinin artması,
- Yanal istikrarsızlık eğilimi,
- Hava aralığının bozulması,
- Bu üç faktör nedeniyle lineer indüksiyon motor performansının bozulması,

olarak sayılabilir.

Yan etkilerde hesaba katıldığında lineer indüksiyon motor parametreleri aşağıdaki gibi yazılabilir. Mıknatıslanma reaktansı Eş. 3.67 ile ve hareketli kısım direnci ise Eş. 3.68 ile ifade edilmektedir.

$$X_m = \frac{24\mu_0 \pi f W_s K_w N_l^2 \tau}{\pi^2 p g_{ei}} \qquad (3.67)$$

$$R_2 = \frac{X_m}{G_{ei}} \qquad (3.68)$$

Stator sargı direnci ve kaçak reaktansı ise tekrardan yazılacak olursa Eş. 3.69 ve 3.70 elde edilir.

$$R_1 = \frac{\rho_w (2W_s + 2l_{ce}) J_l N_l}{I_l'} \tag{3.69}$$

$$X_1 = \frac{8\mu_0 \pi f \left[\left(\lambda_s \left(1 + \frac{3}{p} \right) + \lambda_d \right) \frac{W_s}{q_1} \lambda_e l_{ce} \right] N_l^2}{p} \tag{3.70}$$

g_{ei} etkili hava aralığı değeri ile oluk adımı ifadeleri tekrardan düzenlendiğinde Eş. 3.71 ifadesi elde edilir.

$$\lambda_d = \frac{5\left(\frac{g_{ei}}{w_s} \right)}{5 + 4\left(\frac{g_0}{w_s} \right)} \tag{3.71}$$

İyilik faktörü değeri tekrardan yukarıdaki ifadeler kullanılarak düzenlendiğinde Eş. 3.72 elde edilir.

$$G = \frac{2\mu_0 f \tau^2}{\pi \left(\frac{\rho_r}{d} \right) g_e} \tag{3.72}$$

Düşük hızlı lineer indüksiyon motorları için itme kuvveti veya toplam itme kuvveti değeri tekrardan yazılacak olursa Eş. 3.73 elde edilir.

$$F_s = \frac{3I_2^2 R_2}{S2\tau f_1} = \frac{3I_1^2 R_2}{S2\tau f_1\left[\left(\frac{1}{SG_{ei}}\right)^2 + 1\right]} \qquad (3.73)$$

Demir kayıplarını ihmal ederek verim ve güç faktörü değerini yeniden yazacak olursak Eş. 3.74 ve Eş. 3.75 elde edilir.

$$\eta = \frac{F_s 2\tau f_1 (1-S)}{F_s 2\tau f_1 + 3R_1 I_l^2} \qquad (3.74)$$

$$\cos\phi = \frac{F_s 2\tau f_1 + 3R_1 I_l^2}{3V_l I_l} \qquad (3.75)$$

Sonuç olarak toplam itme kuvveti değeri Eş. 3.76 ile ifade edilebilir.

$$F_n = W_{se} \frac{p\tau^3}{\pi^2} \frac{\mu_0 J_m^2}{g_{ei}^2 \left(1 + S^2 G_{ei}^2\right)} \left[1 - \left(\frac{\pi}{\tau} g_e S G_{ei}\right)^2\right] \qquad (3.76)$$

4. ELEKTROMANYETİK FIRLATICILARDA OPTİMİZASYON

4.1. Giriş

Optimizasyon metodları bağımlı veya bağımsız değişkenlerden oluşan fonksiyonların maksimum ve minumum noktalarının bulunmasını arar. Optimizasyon, burada bahsedilen şekliyle, benzetim sonuçlarına dayanır. Problem ayrıca, hem sürekli değişkenlerin varlığı hem de ayrı ayrı bileşenlerin kataloglardan ve veritabanlarından seçimi olarak tanımlanır. Bunun sonucu olarak problem doğrusal değildir [37].

Karmaşık Metod ya da genetik algoritma gibi derece derece değişmeyen metodların uygulanmasının bir nedeni de budur. Diğer ana neden, bu metodlar çok modelli araştırma alanlarında yerleştirildiğinde genel uygunluğu daha sağlıklıdır. Bu metodlar algoritmalarda hiçbir değiştirme yapmaksızın geniş bir problem sahasına uygulanabilirler. Optimizasyonun bir tarafı tasarım taslaklarının değerlendirilmesidir. İkinci tarafı yeni ve daha umut vadeden tasarımların meydana getirilmesidir. Böylece, optimizasyon hem analizi (değerlendirme) hem de sentezi (yeni çözümlerin üretimi) içerir. Değerlendirme genellikle tasarım taslağının ne kadar iyi olduğunu belirleyen ve değer biçimini içeren hedef fonksiyon vasıtasıyla yapılır. Her optimizasyon probleminde olduğu gibi hedef fonksiyonun biçimlendirilmesi optimizasyonun sonuçları noktasında çok can alıcıdır [37–39].

Optimizasyon bilimde, mühendislikte, ekonomide, yönetimde, endüstride ve diğer alanlarda sıklıkla ve artan bir şekilde kullanılan bir konudur. Amaç birçok seçenek arasında en iyi olanı seçmektir [37-39].

Yeni çözümlerin üretilmesi optimizasyon stratejisine bağlıdır. Teknik olarak konuşmak gerekirse bizler sadece zaten ortada bulunmak için bekleyen çözümleri buluyoruz. Tabii ki, ortada araştırma yapılacak küçük alanla ilgili yaratıcı bir şey yok, ama çözüm alanı devasa büyüklükte olabilir ve bu büyüdükçe en iyi ya da en azından iyi çözümler bulmak için karmaşık araştırmalara olan ihtiyaç gittikçe artar. "problemin tanımı" farklı çözüm kavramları üretmek için beklentiler listesi oluşturulmasını sağlar. Kavramlar yeteri kadar açık hale getirildiğinde, modelleme ve benzetim bazı belirli sistem çözümlerinin niteliklerini tahmin etmek üzere kullanılır. Her çözüm sonrasında optimizasyon, sistem çözümlerinin değerlendirilmesinin otomatize edilmesi için ve yeni sistem taslakları üretmek için kullanılır. Süreç, optimizasyon birleştirilene ve en uygun sistem bulunana kadar devam eder. Genellikle ilk optimizasyon çalışmasında nihai tasarım elde edilemez. Modelleme ve benzetiminin kullanılmasının nedenlerinden biri tasarladığımız sistemi anlamaktır. Diğer neden ise sistemden beklentilerimizi anlamak ve hedefler arasındaki önceliklerimizi belirlemektir. Bu iki durum da aynı derecede önemlidir. Schrage'in de ifade ettiği gibi, genellikle simulasyonlar beklentilerimizin gerçekçi olmadığını ya da yanlış planlanmış olduğunu teyit eder. Bunun tersine, beklentilerimizin yeterince yaratıcı ve gerçekçi olmadığı da ortaya çıkabilir. Eğer optimizasyon ile düşünülen istenilen sonuç elde edilemiyorsa kavram değiştirilmeli ya da yeni bir hedef fonksiyonuyla problem yeniden formüle edilmelidir [37-39].

Elektrik makinelerinin tasarım optimizasyonu, farklı amaçlar aynı anda dikkate alınarak gerçekleştirilmelidir. Örneğin motor boyutları küçük olmalı, maliyeti düşük olmalı, verimi ve güç faktörü yüksek olmalı gibi amaçlar sıralanabilir. Bütün bunlar düşünüldüğünde çok kriterli optimizasyonun önemi ortaya çıkmaktadır.

Öncelikle tasarımın iyi olup olmadığına karar verebilmek için amaç fonksiyonunun tanımlanması gerekir. Amaç fonksiyonu motorun bütün fiziksel ve geometrik boyutlarını kapsayacak şekilde tanımlanmalıdır. Ayrıca amaç fonksiyonuna, tasarımın genel standartları ve müşteri istekleri doğrultusunda belirlenecek kısıtlar da dâhil edilmelidir.

4.2. Tasarım Optimizasyonu Tanımlaması

Bu bölümde sistemlerin optimum tasanmı ile ilgili bazı temel kavramlar anlatılacak. ilk olarak, bir genel tasanm optimizasyon modelinin tanımlamasının yapılması yararlı olacaktır. Yerel ve genel minimum tanımları yapılıp; tasarım optimizasyon modeli için bir çözümün varlığı araştırılacaktır. Model için optimallik koşulu ortaya konup sonuçları paylaşilacaktır. Aşağıda değineceğimiz kavramlar pratik uygulamada önemli bir yere sahiptir cünkü faydalı bir çözüm üretmede başansız olan optimizasyon proseslerindeki durumlar için bir bakış açısı verirler. Optimizasyon için sayısal metodların çoğu bu kavramlara dayandığından önemli bir yere sahiptirler [37-39].

4.2.1. İdeal tasarım modeli

Problemin formülasyonu tasarım optimizasyon işleminde önemli bir adımdır. Statik ve dinamik tepki problemleri, elektrik makinelerinin şekil optimizasyonu, güvenilebilir tasarım, sistemlerin optimal kontrolü ve bir çok diğerleri nonlineer programlama problemleri olarak (NLP) formüle edilebilir.

Problem formülasyon işlemi tasarım değişkenlerinin tanımlanmasını gerektirir. Bir maliyet fonksiyonu veya bir objektif fonksiyon ve sistemin uygun performansı ve güvenliği için kısıtlılıklar problemin sınıfına ve ihtiyaçlara bağlı olarak tasarım değişkenlerinin bir kaç tipi ve maliyet fonksiyonları tanımlanabilir. Kısıtlılıklar genellikle fiziksel limitleri, malzeme doyumu, burkulma yükü, titreşim frekansları, harmonikler ve diğer böyle tepki miktarlarını içerir. Bu problemler bir standart NLP modele kaydedilebilir [37-39].

Bir "≤" formda ifade edilen denk olan ve olmayan kısıtlılıklara maruz bir fonksiyonun minimizasyonu olarak uygun *X* ile bir maliyet fonksiyonu:

$$S = \begin{Bmatrix} X : g_j(X) = 0, \ j = 1,2,3.........p; \\ g_j(X) \leq 0, \ j = p+1, p+2,....m \end{Bmatrix} \quad (4.1)$$

F(x): En aza indirmek için n boyutlu bir tasarım değişken vektör *X*'i bul.

$g_j(x) = -G_j(x) \leq 0$ ile sayısal optimizasyon işleminde kolayca etkileyebilir. Bu yüzden, verimliliği arttırmak için algoritmaların bilgisayar uygulamalarında ayrık olarak uygulanabilir. Ancak sunum basitliğinden dolayı, böyle basit sınır kısıtlılıkları denk olmayan kısıtlılıklarda $g_j(x) \leq 0$ olarak kabul edilir.

Bir denk olmayan kısıt $g_j(x) \leq 0$ aktif olarak tasarım noktası *X* de belirtilen noktada yani $g_j(x) = 0$ da bir denklik olarak sağlanırsa aktif değil denilir; eğer negatif değerli ise belirtilen noktadaki pozitif değerde bozulursa aktif olarak kabul edilir.

Eğer problemin maliyet ve kısıtlılık fonksiyonları değişken terimlerde sayısalsa problem bir sayısal programlama (LP) olarak adlandırılır, eğer maliyet fonksiyonu ikinci mertebeden Eş. ve kısıtlar sayısalsa problem bir ikinci dereceden Eş. programlama (QP) problemi olarak adlandırılır. Nonlineer problemler de, sayısal algoritmaların çoğu yineleme işlemlerinde ya bir LP veya QP alt problemini çözer bu yüzden bu problem alanları oldukça önemlidir ve araştırmanın ana büyüklüğü nonlineer problemler için özel metodlar geliştirmeye yönelmiştir [37-39].

Elektrik makinelerinin tasarım problemlerine bağlı olarak NLP modeller için aşağıdaki noktaları not etmek önemlidir;

1. Model sürekli tasarım değişkenleri ile tüm problemlere uygulanabilir. Çok nesnel ve ayrık değişken problemler belli bir aşamadan sonra tatbik edilebilir.

2. Problemin fonksiyonları iki kez türetilebilir kabul edilir. Türetilebilir fonksiyonları olmayan problemler ilave hesaplama yöntemleri ile uygulanabilir.

3. Maliyet ve kısıtlılık fonksiyonları genellikle tasarım değişkenlerinin açık fonksiyonları olarak kesindir. Ancak bu fonksiyonlar çeşitli analiz yöntemleri kullanılarak da değerlendirilebilir. Bu da yaygın olarak tasarım hassasiyet analizi olarak bilinir ve bu bölüm içerisinde aşağıda değinilecektir.

4.2.2. Tanımlar ve çözüm

Tasarım optimizasyonu ile ilgili çeşitli kavramları sunmadan önce, fonksiyon $F(x)$ için bir minimum nokta tanımının yapılması, problem için optimum çözümün varlığını tartışılabilmesi için gereklidir.

Yerel minimum maliyet fonksiyonu $f(x)$ bir yerel minimuma sahiptir ve göreli minimum olarak da adlandırılır. Kısıtlılık setinde bir X noktasında eğer X^* noktasının uygun küçük bir komşuluğunda tüm X için, eğer sıkı eşitsizlik varsa yani;

$$f(X^*) \leq f(X) \tag{4.2}$$

$f(X^*) < f(X)$ tüm $X \neq X^*$ için, X^* sıkı veya yalıtılmış yerel minimum olarak adlandırılır.

Genel minimum maliyet fonksiyonu $F(x)$ genel bir minimuma sahiptir. (Mutlak minimum olarak da adlandırılır.) Bir X^* noktasında eğer Eş. 4.2 izlenirse, yani; $f(x^*) \leq f(x)$ kısıtlılık seti S'de tüm X için. Eğer kesin (Strict) eşitsizlik varsa yani; $f(x^*) \leq f(x)$ tüm $X \neq X^*$ ise, o zaman X^* kesin veya tek, genel minimum olarak adlandırılır. Bu tanımlardan anlaşıldığı üzere, Yerel minimum için, X^* noktası civarında S'de küçük bir uygun grup tamamen n-boyutlu uzaydır. Önceki tanımlar böyle kısıtlılığı olmayan problemlerin açıklanmasına yardımcı olur [37-39].

Ayrıca fonksiyon S $f(x)$ birçok genel minimum noktası fonksiyon değerlerini sıçratabilir (aşırı şekilde değiştirebilir). Noktaların tümünde aynı olan, ancak bir tane keskin genel minimum olabilir ve bu da Yerel minimum yalıtılmış olmadığını gösterir.

Genel olarak problemin bir çözümünün varlığını bilmek zordur. Önemli olan çözümün varlığının sorgulanmasıdır, ancak gelecek olan teorem bu konuda yardımcı olabilir.

Genel minimum'un varlığı, Eğer *f(X)* boş olmayan uygun bir grup *S*, kapalı ve sınırlı, grup üzerinde süreklidir, o zaman *S*'de *f(X)* için bir genel minimum vardır. Burada dikkat edilmesi gereken nokta yukarıdaki teorem bir genel minimum noktanın varlığı için sadece yeterli şartları verir. Bu şartların sağlanması gerekli değildir. Çünkü problem için bir genel minimum şartlara ihtiyaç olmayabilir. Diğer deyişle, yukarıdaki teorem "yeter ve gerek şart" durumunu belirtmez. Burada dikkat edilmesi gereken nokta, kapalı ve sınırlı bir *S* grubunda *f(X)* sürekli olduğundan, sınırlı fonksiyondur. Gelecek teoremi kullanmak için, S grubunun kapalı, sınırlı ve boş olmadığı belirtilmelidir. Eğer tüm kısıtlı fonksiyonlar $g_i(x)$sürekli ise ve problem formulasyonunda kesin eşitsizlik yoksa $[g_i(x) \leq 0]$, o zaman *S* grubu kapalıdır. Bu yüzden, bu şartı kontrol etmek zordur. *S* grubu boş değildir. Eğer uygun tasarımlar varsa, kısıtlılıkta karışıklık yoktur ve problem fazla kısıtlanmamıştır. Çözüm işlemini başlatmadan bu şartı kontrol etmek zordur. Eğer çözüm işlemi uygun noktaya uğramazsa, o zaman *S* grubunun boş olduğu düşünülebilir. Bu durumda, problem formulasyonu uygun tasarımların varlığı için yeniden incelenmeye ihtiyaç duyar. *S*'in sınırsızlığını da kontrol etmek zordur ve

öyle bir *R* sayısı vardır ki *S* de herhangi *X* için, $(X.X) < R$ [37-39, 45-47].

4.2.3. Optimial olma şartları

Yerel ve genel minimumun aşağıdaki tanımları problem için minimum noktaları bulmanın pratik bir yolunu vermez. Aşağıdaki tanımlar, sonsuz hesap ile verilen bir noktanın optimalliğini kontrol etmek için de kullanılamaz. Ancak, tanımlar şartları türetmek için kullanılır ki bu da bir minimum nokta karakterize eder. Bunlar optimallik koşulları olarak adlandırılır. İki tip optimallik koşulu vardır; gerekli ve yeterli. Bir yerel minimum nokta gerekli şartları sağlamalıdır; yoksa o minimum nokta olamaz. Burada önemli olan nokta bu şartları sağlayan nokta bir minimum nokta olmamalıdır; yani noktalar minimum nokta olmadan gerekli koşulları sağlayabilmelidir. Gerekli koşulları sağlayan noktalar sadece minimuma aday veya basitçe sabit noktalardır. Yeterli şartlar minimun noktaları diğerlerinden ayırır. Hem gerekli hem de yeterli şartların tanımlaması yapılacaktır [45-47].

Optimallik şartları iki yönden önemlidir:

1) Minimum noktaları bulmak için nümerik yöntemler geliştirmede kullanılabilirler; bu konuya literatürde genişçe değinilmiştir.

2) Verilen bir noktanın optimalliğini kontrol için kullanılabilir.

4.2.4. Maliyet fonksiyonu değerlendirmesi

Çoğu zaman problem için maliyet fonksiyonu pozitif bir sabit ile ölçeklendirilmeye ihtiyaç duyar. Bu ölçeklendirme optimum noktayı etkilememesine rağmen, maliyet fonksiyonu değerini ve kısıtlılık için Lagrange çarpanlarını değiştirir. Lagrange çarpanlarının tümü de aynı ölçekteki faktörler ile çarpılabilir. u_j^* orijinal maliyet fonksiyonu ile j, kısıtlılık için Lagrange çarpanı olsun. Maliyet fonksiyonu $f^{new} = q \cdot f$ olarak yazılabilir, *a>0* için verilen bir sabittir ve u_j^{new} optimum da *j*, kısıtlılık için Lagrange çarpanının yeni değeri olsun. Yeni ve eski Lagrange çarpanları aşağıdaki şekilde ilişkilidir [45-47].

$$u_j^{new} = a u_j^*, \quad j = 1,2,3,..........,m \tag{4.3}$$

4.3. Optimizasyon Tasarım Başlıkları

Optimizasyonun tanımını yaptıktan sonra bu tez de çalışma konusu olan hidrogeneratör tasarım optimizasyonunda kullanılacak parametreler sunulacaktır. Buna ek olarak şimdiye kadar boyutlandırma ve özel eşitliklerden bahsedilmişti şimdi bu eşitlikler kullanılarak hangi parametrelerin optimize edileceği konusu tartışılacaktır [40-41].

Giriş başlangıç tasarımı ve genel optimizasyon amaçları belirlendikten sonra bu amaçlar içindeki lineer indüksiyon motor tasarım değişkenleri;

- Oyuk genişliği, W_{ss}
- Stator genişliği, W_s
- Stator yüzey elektriksel yüklemesi, W/m^2
- Stator dişi akı yoğunluğu, B_{ts}
- Stator boyunduruk akı yoğunluğu, B_{ys}

Optimize işlemi sırasında her değerin kendine ait maksimum ve minimum değerlerinin ayrı ayrı oluşturulması gerekmektedir.

Literatürde kullanılan ve motor geometrisini birinci derecede etkileyen değişkenler optimizasyon tasarım parametreleri olarak seçilmiştir. İlk giriş tasarımından elde edilen sayısal veriler ile alt ve üst sınır değerleri girilerek girilen aralıkta en uygun sonuçları elde etmek mümkündür. İlk başta giriş tasarımıyla beraber çok değişkenli optimizasyon problemini tek amaç fonksiyonlu optimizasyon problemine dönüştürmüş olduk.

Bu optimizasyon problemini çözmek için literatürde kullanılan optimizasyon teknikleri şunlardır;

- Quasi Newton Optimizer
- Pattern Search Optimizer
- Sequential Nonlinear Programming (SNLP) Optimizer
- Sequential Mixed Integer NonLinear Programming (SMINLP) Optimizer
- Genetic Algorithms

Her bir optimizasyon tekniği optimum sonuç hesaplamak için kullanılabilir. Quasi Newton ve Pattern Search tekniklerinde seçilen optimizasyon parametreleri arasındaki ilişki lineer olmak zorundadır. Sequential nonlinear programming, sequential mixed integer nonlinear programming ve genetic algorithm tekniklerinde ise amaç fonksiyonu için seçilen optimizasyon parametreleri arasındaki ilişki lineer ya da nonlineer olabilir. Kullanılan bu beş optimizasyon tekniğinin hepsinde belirlenen amaç fonksiyonu için optimum değerler bulunabilmektedir. Hangi tekniğin kullanılacağı araştırmacının çözeceği optimizasyon probleminin niteliğine bağlıdır.

4.3.1. Optimizasyon probleminin matematiksel formulasyonu

Elektrik makinelerinin optimizasyonu genel olarak tek bir değişkenden fazla olarak birçok değişkenli olarak formule edilebilir. Bunlar;

- Maliyet minimizasyonu
- Aktif materyal kullanımının azaltılması
- Verimin arttırılması
- Motorun çıkış gücünün arttırılması

Optimize edilecek fonksiyonun ekstremumunun bulunması aşağıdaki gibi tanımlanabilir [42-43].

$$Extr\ F(\vec{x}) = Extr\left[f_1(\vec{x}), f_2(\vec{x}), \ldots\ldots\ldots\ldots, f_k(\vec{x})\right] \tag{4.4}$$

Burada;

$$F : \Re^n \to \Re^k \qquad g_i, h_j : \Re^n \to \Re \qquad \vec{x} \in \Re^n \qquad \vec{x} = x_1, x_2, \ldots. x_n \tag{4.5}$$

eşitlik ve eşitlik olmayan değişkenlerin tanımlaması,

$$\begin{aligned} &g_i(\vec{x}) \leq 0, \qquad i = 1,2,3,\ldots\ldots\ldots m \\ &h_j(\vec{x}) = 0, \qquad j = 1,2,3,\ldots\ldots\ldots p \end{aligned} \tag{4.6}$$

değişkenlerin limitleri ise:

$$\vec{x}_{\min} \leq \vec{x} \leq \vec{x}_{\max} \tag{4.7}$$

Yukardaki eşitliklerde minimize edilecek $f_i(\vec{x})$ fonksiyonunun vektör amaç fonksiyonu $F(\vec{x})$ 'dur. $\vec{x}$ vektörü optimizasyon problemindeki tasarım değişkenidir. g_i nonlineer değişken, h_j de eşitlik değişkenidir. $x_{\min}$ ve $x_{\max}$ da optimizasyon aralığı sınırlarıdır.

Optimizasyon problemlerinde amaç fonksiyonu $f_i(\vec{x})$ ile $\vec{x}$ arasında bir uyuşmazlık vardır. $\vec{x}$ çözümü olmasa bile $f_i(\vec{x})$ varlığını sürdürmektedir. Vektör optimizasyon problemleri çok amaçlı fonksiyonları ağırlık amaç ya da maliyet ya da verim fonksiyonuna dönüştürülerek tek amaçlı bir probleme dönüştürülebilir. Optimizasyon problemleri içinde en pratik seçim tek amaç fonksiyonunu minimize ya da maksimize etme seçeneği gibi gözükmektedir.

4.4. Optimizasyon Teknikleri

Bu bölümde literatürde kullanılan optimizasyon teknikleri anlatılacaktır. Çeşitli özellikleri, algoritmaları, avantajları ve dezavantajları gibi bilgiler sunulacaktır. Başlıca kullanılan optimizasyon teknikleri:

- Quasi Newton Optimizer.
- Pattern Search Optimizer.
  - Tabulation Method -Çizelgeleme metodu.
  - Sequantial Method -Ardışıl metodu.
  - The simplex Method -Tek yönlü metodu.
  - Linear Method -Liner metodu.
- Sequential Nonlinear Programming (SNLP) Optimizer.
- Sequential Mixed Integer NonLinear Programming (SMINLP) Optimizer.
- Stochastic Methods
  - Genetic Algorithms.
  - Popülasyan bazlı arttırımsal öğrenme metodu.

Yukarda sayılan metotlar lineer motor tasarımında yaygın olarak kullanılan optimizayon teknikleridir.

4.4.1. Quasi newton optimizasyon tekniği

$F(\vec{x})$ optimizasyon amaç fonksiyonunun ikinci dereceden Taylor Serileri açılımını kullanarak fonksiyonunun sıfır, bir ve ikinci türevlerine ihtiyaç duyar. Çözüme ulaşmak için her iterasyondan sonra bilgiler güncellenmektedir.

Optimizasyon problemi çözüm işlemi sırasında çözümde meydana gelecek ufak sayısal sapmalar önemsizse ve Sequential Nonlinear Programming (SNLP) ile işlem yapmak zor ise sonlu element metodu hesaplamalarını içeren optimizasyon amaç fonksiyonu çözümü yapılabilir. Bu metot da çözüm sayısal sapmalar içerecektir [49].

$$F(\vec{x}+1) \le F(\vec{x}_i) \qquad \vec{x}_{i+1} = \vec{x}_1 + h_i \vec{s}_i \qquad (4.8)$$

4.4.2. Pattern search optimizasyon tekniği

Patterm search tekniğinde herhangi bir şekilde optimizasyon amaç fonksiyonunun türevinin bilinmesine gerek yoktur. Fakat bu teknikde amaç fonksiyonunun sınırları x_{min} ve x_{max}'nin çözüme en yakın değerlerde seçilmesi gerekmektedir.

Optimizasyon problemi çözüm işlemi sırasında çözümde meydana gelecek ufak sayısal sapmalar önemli ise sonlu eleman metodu hesaplamalarını içeren grid bazlı tek yönlü çözümler yapılabilir [49].

Optimizasyon problemi iki boyutlu bir modelden oluşuyorsa üçgenler eğer üç boyutlu katı bir modelden oluşuyorsa dörtyüzlüler grid temelli olarak oluşturulur. Çözüm işlemi modelin durumuna göre 2D veya 3D olması durumunda sonuç iyileştirilene kadar devam eder. Sonuç geliştirilmemişse pattern search bir sonraki yüzeyden işleme devam eder gridler yenilenir eğer sonuç geliştirilmiş ise çözüm adımı kabul edilip ilk çözüm olarak adlandırılır. Pattern search yada diğer bir adıyla global search tekniği optimizasyon problemi çözüm algoritması bir akış şeması halinde sunulmuştur.

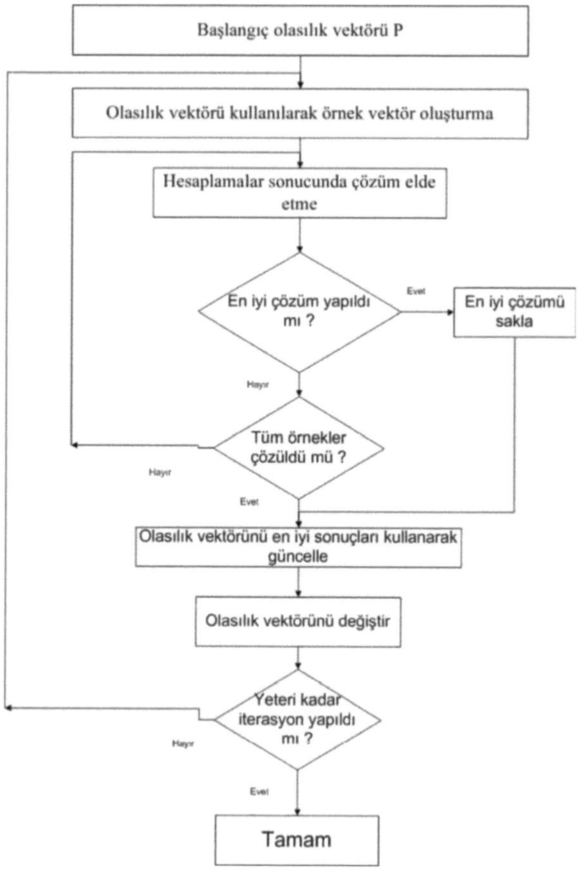

Şekil 4.1. Popülasyon bazlı arttırımlı öğrenme metoduyla optimizasyon tekniği çözüm akış şeması.

Çizelgeleme metodu

Çizelgeleme metodunda belirlenen sınır içinde en küçük alanın bilindiği varsayılarak optimizasyon probleminin çözümü optimum aralıkta yapılır. Çözüm sırasında rastgele bir arama yapıldığından ama öte yandan da bu rastgele seçimin optimum aralıkta yapılıyor olmasından çözüm geniş sayılar yerine daha dar bir aralıkta devam etmektedir. Çok değişkenli problemi çözmek için bu metotda genelleştirilmiş bir fibonacci arama tekniğinden yararlanılır [38].

Ardışıl metod

Amaç fonksiyonunun incelenmesi ve irdelenmesiyle oluşturulan fonksiyonun bazı geometrik yapıları ve değişkenlerden oluşur. Bu metodun orijini faktöriyel açılımdan gelmektedir. Amaç fonksiyonu uzayda bağımsız değişkenleri olan bir hypercube'e indirgenir. Hypercube'ün tam merkezi optimizasyon probleminde aradığımız minimum değere denk gelmektedir [38].

Tek yönlü metod

Bu metod da n tane bağımsız değişkeni n+1 tane mutasyona uğratarak amaç fonksiyonu ile optimizasyon problemine çözüm arar. Eğer çözümde tek yönlü arttırımlardan herhangi birinde artma olmaz ise artık o yönde arttırım yapılmaz ve arttırımın boyutu küçültülür. Bu optimizasyon problemindeki minimumu aramayı daha dar bir alanda yapmaya olanak tanır [38]. Tek yönlü bu metot hızlı bir çözüm sunar.

4.4.3. Sequential nonlinear programming (SNLP)

SNLP tekniğinin optimizasyon problemlerini çözmede en iyi teknik olduğuna dair genel bir görüş birliği olmamakla beraber bu teknikte hem değişken hemde amaç fonksiyonunun nonlineer olabilmesi diğer tekniklere göre bir üstünlük sağlamaktadır. SNLP'nin quasi newton metoduna göre ana avantajı problemi daha derinlemesine ele alması ve bu teknikte optimizasyon değişkenlerinin sürekli uzayda kabul etmesidir. Optimizasyon tekniği olarak SNLP quasi ve pattern search tekniğine göre daha hassas ve kesin olmayan çözümlemelerde amaç fonksiyonuna en yakın sonucu verebilmektedir. Optmizasyon değişkenlerinin nonlineer olmasına izin vermesi en büyük avantajı olarak söylenebilir [49].

Optimizasyon teknikleri nümerik çözümler olarak birinden diğerine oldukça fazladır. SNLP adı altında oldukça fazla sayısal çözüm tekniği vardır. Bunlardan bazıları:

- Newton's Methods –Newton metodu
- Conjugate Gradient Method –Eşlenik gradyan metodu
- Trust-Region and Conic Model Methods –Konik model metodu
- Nonlinear Least-Squares Problems –Enküçük kareler metodu
- Theory of Constrained Optimization –Değişken optimizasyon metodu
- Quadratic Programming –Quadratic programlama metodu
- Penalty Function Methods –Ceza fonksiyonu metodu
- Feasible Direction Methods –Uygulanabilir yön metodu
- Sequential Quadratic Programming –Tek yönlü quadratic programlama
- TR Methods for Constrained Problems –TR metodu
- Nonsmooth Optimization –Düzgün olmayan optimizasyon

Matematiksel olarak tanımlanacak olursa:

$\|\bullet\|$ bu ifade norm olarak anılacak ve aşağıdaki özellikleri sağlıyor olacaktır.

1. $\|x\| \geq 0, \quad \forall_x \in \Re^n : \quad \|x\| = 0$ *sadece ve sadece* $x = 0$ *ise.*
2. $\|\alpha x\| = |\alpha| \|x\|, \quad \forall_\alpha \in \Re : \quad x \in \Re^n;$
3. $\|x + y\| \leq \|x\| + \|y\|, \quad \forall_{x,y} \in \Re^n.$

Bu tanımlamalardan yola çıkılarak en iyi bilinen vektör normları:

$$\|x\|_\infty = \max_{1 \leq i \leq n} |x_i|, \quad l_\infty \text{- norm} \tag{4.9}$$

$$\|x\|_1 = \sum_{i=1}^{n} |x_i|, \quad l_1 - \text{norm} \tag{4.10}$$

$$\|x\|_2 = \left(\sum_{i=1}^{n} |x_i|^2 \right)^{1/2}, \quad l_2 - \text{norm} \tag{4.11}$$

Yukardaki vektör normları kullanılarak genel olarak ifade edilişi:

$$\|x\|_p = \left(\sum_{i=1}^{n} |x_i|^p \right)^{1/p}, \quad l_p - \text{norm} \tag{4.12}$$

Nonlineer programlama tekniği ile hazırlanmış ve motor çıkış karakteristik değerlerini verecek bir algoritma aşağıda sunulmuştur.

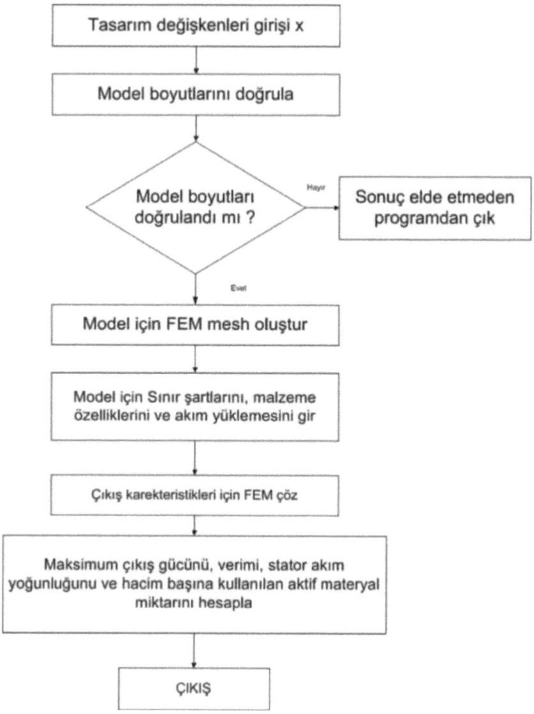

Şekil 4.2 Motor çıkış karakteristiklerini veren algoritma akış diyagramı.

4.4.4. Sequential mixed ınteger nonlinear programming (SMINLP)

SMINLP optimizasyon tekniğinde SNLP gibi sadece sürekli zamanda değişkenler kullanılacağı gibi birbirine bağımlı değişkenler de tasarım değişkeni olarak kullanılabilir. Örneğin *N* bir optimizasyon tasarım değişkeni ise *N*'e bağlı olarak başka bir tasarım değişkeni tanımlanabilmektedir. $K = 2.345 * N$, veya $K = \sin(30 * N)$ gibi. Bu yolla *K* süreksiz bir değişken olarak tanımlandığı gibi *N*'i direk olarak tek başına tasarım değişkeni olarak tanımlamak da mümkündür.

SNLP ve SMINLP optimizasyon teknikleri için çözüm aralığında istenilen alt çözüm aralıkları da girilebilmektedir. Bu optimal sonucun olduğunu tahmin ettiğiniz aralık olarak girilmelidir. Optimizasyon çözümü esnasında elde edilen sonuçlar yorumlanarak girilebilir [49].

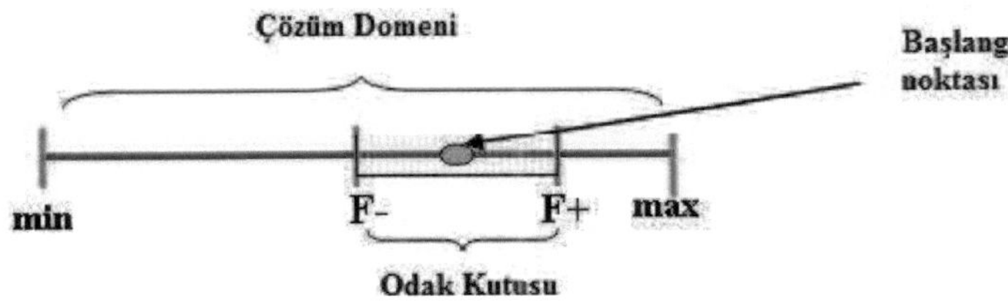

Şekil 4.3 SMINLP optimizasyon uygulama aralığı gösterimi.

SMINLP'de kullanılan lineer değişkenler aşağıdaki şekilde tanımlanır.

$$\sum_i \alpha_{ij} x_i < c_j \forall j \tag{4.13}$$

α_{ij} ; Katsayıları ifade eder.

c_j j^{th}'ci Lineer değişken için karşılaştırma değeridir.

x_i *İ*'nci tasarım parametresidir.

4.4.5. Genetik Algoritma

Bu optimizasyon sonuç arama mekanizması kökünde doğal genetik alanında uygun çiftleri rastgele birleştirme ve sonuç elde etme yöntemine dayanmaktadır. Genetik algoritma rastgele optimizasyon sınırları içinde populasyonlar oluşturur ve bu aralıklar içinde en uygun sonucu arar [38].

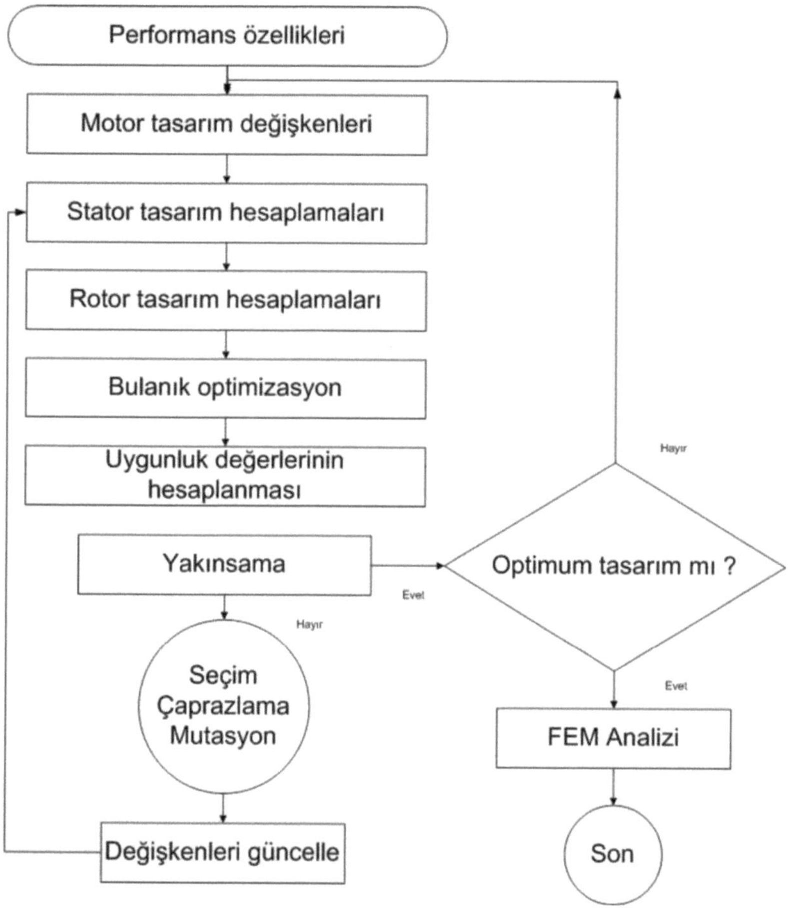

Şekil 4.4 Genetik algoritma ile oluşturulmuş optimum tasarım analizi yapan algoritmanın akış şeması.

4.5. Elektromanyetik Fırlatıcı Sistem için Optimizasyon Yöntemi

Matematiksel olarak karma değişken kullanılarak amaç fonksiyonunu $f(y(x_k))$ minimize ya da maksimize eden yöntem aşağıdaki şekilde tanımlanabilir [50-58].

$$\textbf{Min}\ f(y(x_k))\ \text{veya}\ \textbf{Max}\ f(y(x_k)) \tag{4.14}$$

$$h_i(y(x_k))=0,\ i=1,2,3,.....m, \tag{4.15}$$

$$g_j(y(x_k))\leq 0, j=1,2,3,.....j, \tag{4.16}$$

$$x_{x1_k^{u1}}^{x2_k^{u2}} \geq x_k \geq x_{x1_k^{l1}}^{x2_k^{l2}} \qquad k=1,2,3,.......n, \tag{4.17}$$

Burada,

$$f(y(x_k))=\{f_1(y_1(x_k)), f_2(y_2(x_k)), f_3(y_3(x_k)),...............f_n(y_n(x_k))\} \tag{4.18}$$

$f(y(x_k))$ amaç fonksiyonu, "g_j" ve "h_i" eşitsizlik ve eşitlik değişkenleri, "x_k" tasarım değişkenleri vektörü, "y", "x_k" değerine bağlı olan ikinci tasarım değişkeni $x1_k^u$ *ve* $x2_k^l$ alt ve üst indisleri, alt ve üst limitlerdir. "u" ve "l" alt ve üst limit indisleri içinde odak noktaları limitleridir. Genel problem Eş. 4.18'de tanımlanmıştır. Bu tür eşitlikler genellikle analitik (belirleme, arama) yöntemiyle ya da stokhastik bir yöntemle çözülebilmektedir. Bilindiği üzere klasik optimizasyon yöntemlerinde değişken alt ve üst limiti belirlendikten sonra çözüm bu alt ve üst limitin oluşturduğu çözüm domeni içinde aranır. Geliştirilen bu yöntemde ikinci dereceden hassasiyet eşitliklerini içeren ve alt ve üst limitleri de kendi içersinde odak noktaları olarak adlandırdığımız noktalar arasında belirlenen sınırlar dâhilinde çözümü arar; burada yöntemin etkili olmasının sebebi ve aynı zamanda bilgisayarın işlem zamanını düşürmesi şöyle açıklanabilir. Çok geniş bir aralıkta sonuç aramak ve çok sayıda iterasyon yapmak yerine eğer ilk yapılan iterasyonlar sonucunda çözüm odak sınırları içinde çıkmışsa geniş çözüm aralığı yerine belirlenen bu daha küçük çözüm domeni kullanılır. Bu şekilde hem hız hem de çözümde daha gerçekçi sonuçlara ulaşmak mümkün olabilmektedir.

$$x^{x2_k^{u2}}_{x1_k^{u1}} \geq x_k \geq x^{x2_k^{l2}}_{x1_k^{l1}}$$

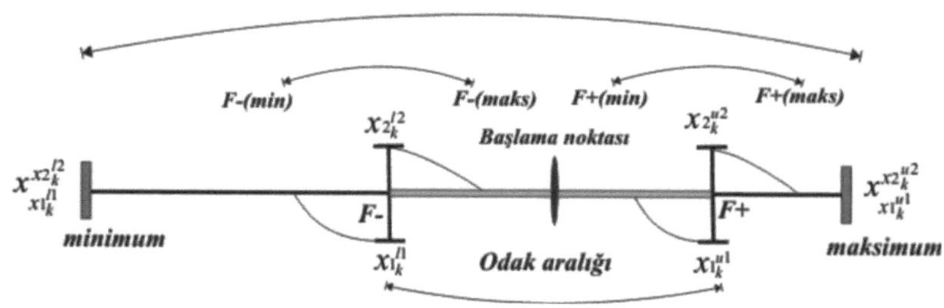

Şekil 4.5. Amaç fonksiyonu değişkenleri çözümü için sınır gösterimi.

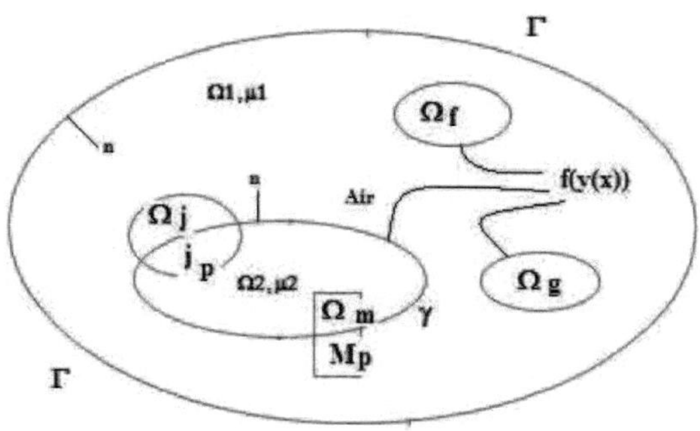

Şekil 4.6. Amaç fonksiyonu çözümü için sınır gösterimi.

Bu çalışmada, aşağıda tanımlanan optimizasyon problemine çözüm aramak için; iki boyutlu öklid uzayında bir düzlem seçtik R^2. Oluşturulan çözüm domeni $\Omega \in R^2$ için amaç fonksiyonunun istenilen maksimum veya minumum değerini içermeli $J(\Omega,u)$ tanımlanacak olursa [27-30];

$$J(\Omega,u)=\int_{\Gamma} f\left(x_{x1_k^{u1}}^{x2_k^{u2}} \geq x_k \geq x_{x1_k^{l1}}^{x2_k^{l2}}, u(x_k) \right) dx, \tag{4.19}$$

Burada, Γ, Ω için çözüm sınırı ($\Gamma \equiv \partial\Omega$) ve $u(x_k)$de sınır değer problemi için çözümü ifade etmektedir;

$$\begin{aligned} &\Delta u(x_k) - Kx_k \cdot u(x_k) = g(x_k) && (x_k \in \Omega), \\ &u(x_k) = K(const.) && (x_k \in \Gamma). \end{aligned} \tag{4.20}$$

burada, verilen fonksiyon $K(x_k) \geq 0$, $g(x_k)$ ve $f\left(x_{x1_k^{u1}}^{x2_k^{u2}} \geq x_k \geq x_{x1_k^{l1}}^{x2_k^{l2}}, u(x_k) \right)$ birbirlerinin argümanları için de sürekli yeter olduğu ve aynı zamanda Ω domeninin sürekli çözümü barındırdığı sağlanmalı.

$$I(\Omega) \equiv \int_{\Omega} h\left(x_{x1_k^{u1}}^{x2_k^{u2}} \geq x_k \geq x_{x1_k^{l1}}^{x2_k^{l2}} \right) dx = c(const), \tag{4.21}$$

Bu değişken çözüm sınırları içinde sabit olarak genelleştirilmiştir.

Bir elektrik makinesinin sargılarına akım uygulandığı zaman akım yoğunluğu oluşmaktadır; enerji, kuvvet ve indüktansı manyetik vektör potansiyeli (A) ile çözüm domeni içindeki sınırlarda bağlantılıdır. Şimdi çözüm domeni içinde manyetik vektör potansiyelini amaç fonksiyonu için istenilen minimum ya da maksimum değerini içerecek şekilde $J(\Omega,u)$ bir değişken olarak tanımlayabiliriz [50-58].

$$\nabla\times\frac{1}{\mu_r\mu_0}\left(\nabla\times\vec{\mathbf{A}}-\vec{\mathbf{B}}_{\mathbf{r}}\right)=\vec{\mathbf{J}} \tag{4.22}$$

Lineer sistem eşitlikleri üretmek için Galerkin'in yaklaşımı manyetik vektör potansiyeline uygulanırsa [48];

$$[R]=\left[K\left(\frac{1}{\mu_r\mu_0}\right)\right]\left[\vec{\mathbf{A}}\right]-[Q] \tag{4.23}$$

Tasarım hassasiyet'i amaç fonksiyonunun tasarım değişkenleriyle beraber toplam türevi olarak aşağıdaki şekilde tanımlanır.

$$\frac{df}{d\left[\left(x^{x2_k^{u2}}_{x1_k^{u1}}\geq x_k\geq x^{x2_k^{l2}}_{x1_k^{l1}}\right)\right]^T}=\frac{\partial f}{d\left[\left(x^{x2_k^{u2}}_{x1_k^{u1}}\geq x_k\geq x^{x2_k^{l2}}_{x1_k^{l1}}\right)\right]^T}+\frac{\partial f}{\partial\left[\vec{A}\right]^T}\frac{\partial\left[\vec{A}\right]}{d\left[\left(x^{x2_k^{u2}}_{x1_k^{u1}}\geq x_k\geq x^{x2_k^{l2}}_{x1_k^{l1}}\right)\right]^T} \tag{4.24}$$

Eş. 4.23'ün her iki tarafının diferansiyeli alınarak ve ek değişken $[\chi]^T$ ile çarpılarak, Eş. 4.25 ve 4.26 elde edilir.

$$[\chi]^T\left([K]+\left[\vec{\mathbf{K}}\right]\right)\frac{d[A]}{d\left[\left(x^{x2_k^{u2}}_{x1_k^{u1}}\geq x_k\geq x^{x2_k^{l2}}_{x1_k^{l1}}\right)\right]^T} \tag{4.25}$$

$$= -[\chi]^T \left(\left(\frac{\partial [R]}{\partial \left[\left(x_{x1_k^{u1}}^{x2_k^{u2}} \geq x_k \geq x_{x1_k^{l1}}^{x2_k^{l2}} \right) \right]^T} \right) \Bigg|_{\frac{1}{\mu_r \mu_0} = C} - \frac{\partial [R]}{\partial \frac{1}{\mu_r \mu_0}} \frac{\partial \frac{1}{\mu_r \mu_0}}{\partial B^2} \frac{\partial B^2}{\partial \left[\left(x_{x1_k^{u1}}^{x2_k^{u2}} \geq x_k \geq x_{x1_k^{l1}}^{x2_k^{l2}} \right) \right]^T} \right) \quad (4.26)$$

Matrisler aşağıdaki şekilde tanımlanabilir:

$$[\vec{K}]^T = \frac{\partial \left[K \left(\frac{1}{\mu_r \mu_0} \right) \right]}{\partial \frac{1}{\mu_r \mu_0}} \frac{\partial \frac{1}{\mu_r \mu_0}}{\partial B^2} \frac{\partial B^2}{\partial [A]^T} \cdot [\vec{A}]$$

$$\left(\frac{\partial [R]}{\partial \left[\left(x_{x1_k^{u1}}^{x2_k^{u2}} \geq x_k \geq x_{x1_k^{l1}}^{x2_k^{l2}} \right) \right]^T} \right) \Bigg|_{\frac{1}{\mu_r \mu_0} = C} = \frac{\partial \left[K \left(\frac{1}{\mu_r \mu_0} \right) \right]}{\partial \left[\left(x_{x1_k^{u1}}^{x2_k^{u2}} \geq x_k \geq x_{x1_k^{l1}}^{x2_k^{l2}} \right) \right]^T} \cdot [\vec{A}] - \frac{\partial [Q]}{\partial \left[\left(x_{x1_k^{u1}}^{x2_k^{u2}} \geq x_k \geq x_{x1_k^{l1}}^{x2_k^{l2}} \right) \right]^T} \quad (4.27)$$

$$\frac{\partial [R]}{\partial \frac{1}{\mu_r \mu_0}} = \frac{\partial [K]}{\partial \frac{1}{\mu_r \mu_0}} \cdot [\vec{A}]$$

Eğer $[\chi]$'katsayı olarak alırsak $d[A] \Big/ \left[\left(x_{x1_k^{u1}}^{x2_k^{u2}} \geq x_k \geq x_{x1_k^{l1}}^{x2_k^{l2}} \right) \right]^T$ için Eş. 4.24 ve 4.26 birbirine eşit olmaktadır.

Ek değişken aşağıdaki şekilde hesaplanabilir.:

$$[K + \vec{\mathbf{K}}]^T [\chi] = \frac{\partial f}{\partial [A]} \quad (4.28)$$

Sonuç olarak tasarım hassasiyet eşitliği;

$$\frac{df}{d\left[\left(x^{x2_k^{u2}}_{x1_k^{u1}} \geq x_k \geq x^{x2_k^{l2}}_{x1_k^{l1}}\right)\right]^T} = \frac{df}{d\left[\left(x^{x2_k^{u2}}_{x1_k^{u1}} \geq x_k \geq x^{x2_k^{l2}}_{x1_k^{l1}}\right)\right]^T} - [\chi]^T \left(\left. \frac{\partial[R]}{\partial\left[\left(x^{x2_k^{u2}}_{x1_k^{u1}} \geq x_k \geq x^{x2_k^{l2}}_{x1_k^{l1}}\right)\right]^T} \right|_{\frac{1}{\mu_r\mu_0}=C} - \left(\frac{\partial[R]}{\partial\frac{1}{\mu_r\mu_0}} \frac{\partial\frac{1}{\mu_r\mu_0}}{\partial B^2} \frac{\partial B^2}{\left[\left(x^{x2_k^{u2}}_{x1_k^{u1}} \geq x_k \geq x^{x2_k^{l2}}_{x1_k^{l1}}\right)\right]^T} \right) \right) \tag{4.29}$$

4.6. Elektromanyetik Fırlatıcı Tasarımı için Geliştirilen Algoritma

Elektromanyetik tasarım programları, FLUX®, MAGNET®, MAXWELL®, ANSYS® ve diğerleri endüstride ve akademide geniş bir alanda elektromekanik aygıtları tasarlamak ve performanslarını elde etmek amacıyla kullanılmaktadır [55-56]. Bu programların lineer makine tasarım kabiliyetleri, daha önce elde edilen boyut değerlerine göre analiz yapmakla kısıtlıdır. Şekil 4.6'da geliştirilen algoritma ile hem analitik tasarım yapılırken hem de iteratif olarak en uygun tasarım sonuçlarına ulaşılmaya çalışılmaktadır. Algoritma içinde yapılan her iterasyonda hesaplanan değer ile başlangıç tasarım parametrelerinde arzu edilen değer kıyaslanarak statorda ki sargı parametreleri değiştirilmekte ve buna uygun olarak tasarım boyut değerleri tekrar hesaplanmaktadır. Aynı zamanda algoritma içinde kısıt olarak $0<verim<1$ değeri kullanılarak yapılan iterasyonların gerçekçi sonuç aralıkları içinde olması sağlanmıştır. Tasarım sonucunda arzu edilen değere yaklaşık ulaşıldığında tasarım sonlanmaktadır; bu arada program arzu edilen tasarım değerlerinin maksimum ve minimum değerlerini tasarımcıya sunmaktadır. Bu değerler kullanılarak yukarıda anılan elektromanyetik tasarım programlarında iki veya üç boyutlu modeller oluşturulabilir. Oluşturulan bu modeller kullanılarak ileri optimizasyon teknikleri kullanılarak sistem en ideal hale getirilebilir. Algoritmada kullanılan ağırlık fonksiyonu ve maliyet fonksiyonu sırasıyla Eş. 4.32 ve 4.33'de tanımlanmıştır.

$$V_{nüve} = w_b \cdot ((L_s \cdot h_y) + (m \cdot p \cdot q) \cdot (h_s \cdot w_t)) \quad (4.30)$$

$$V_{Cu} = ((\pi \cdot d_{kes}^2)/4) \cdot L_b \quad (4.31)$$

$$S_{kg} = (V_{nüve} \cdot \rho_{çelik}) + (V_{Cu} \cdot \rho_{Cu}) \quad (4.32)$$

$$C_{Maliyet} = (V_{nüve} \cdot \rho_{çelik} \cdot M_{kg-fiyat}) + (V_{Cu} \cdot \rho_{Cu} \cdot M_{kg-fiyat}) \quad (4.33)$$

Eş. 4.30 nüve hacmi ve Eş. 4.31 bakır hacmini ifade etmektedir. Maliyet fonksiyonu elde etmek için kullanılan eşitlikte çelik yoğunluğu 7800 kg/m^3 ve bakır yoğunluğu 8900 kg/m^3 olarak alınmıştır. Tasarımda elde edilen bu fonksiyonlar sayesinde tasarımın yaklaşık maliyeti hesaplanabilmektedir ve buna ek olarak maliyet fonksiyonu tasarımda tasarımcıya ideal boyut değeri hesaplatmada kısıt olarak kullanılabilme imkânı vermektedir.

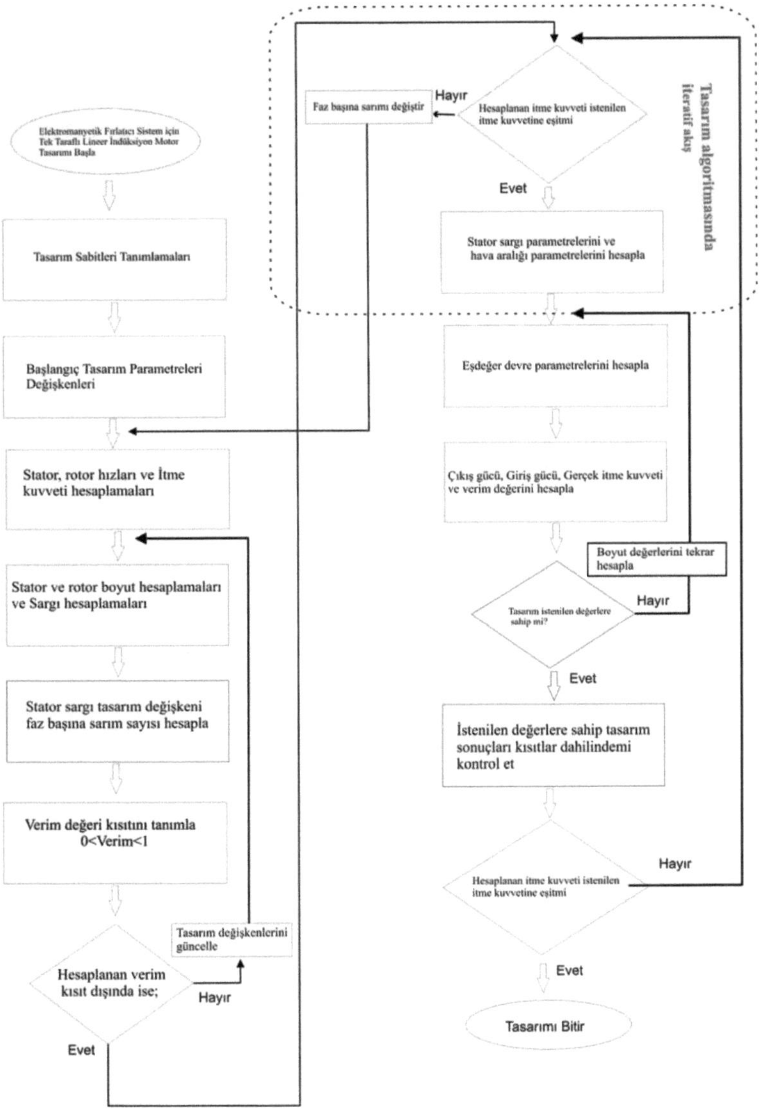

Şekil 4.7 Lineer indüksiyon motor tasarım hesaplama algoritması

4.6.1. İteratif optimizasyon algoritması

Literatürde kullanılan birçok araştırmada kullanılmış amaç fonksiyonları vardır [60-62]. Bu çalışmalarda kullanılan ortak parametreler sırasıyla hava aralığı uzunluğu, uç etkisi faktörü, verim, ağırlık, maliyet, hacim, hava aralığı manyetik akı yoğunluğu ve alüminyum kalınlığıdır. Bu değişkenler çok farklı konfigürasyonlarda amaç fonksiyonları içinde tanımlanmıştır. Bu çalışmada kullanıldığı şekliyle Eş. 4.34, 4.35 ve 4.36'de tanımlanmıştır.

$$\text{Amaç Fonksiyonu} = \frac{(\text{verim} \cdot \text{güç faktörü})^{M_1}}{(\text{hacim})^{M_2}} \tag{4.34}$$

$$\text{Amaç Fonksiyonu} = \frac{(\text{verim} \cdot \text{güç faktörü})^{M_1}}{(kg)^{M_2}} \tag{4.35}$$

$$\text{Amaç Fonksiyonu} = \frac{(\text{verim} \cdot \text{güç faktörü})^{M_1}}{(\text{maliyet})^{M_2}} \tag{4.36}$$

Eş. 4.34, 4.35 ve 4.36'da tanımlanan optimizasyon amaç fonksiyonlarında uç etki faktörüne değinilmemiştir. Eğer uç etki faktörü değeri Eş. 4.34, 4.35 ve 4.36'e eklenirse sırasıyla Eş. 4.37, 4.38 ve 4.39;

$$\text{Amaç Fonksiyonu} = \frac{(\text{verim} \cdot \text{güç faktörü})^{M_1}}{(\text{hacim})^{M_2} \cdot (M_{ue})^{M_3}} \tag{4.37}$$

$$\text{Amaç Fonksiyonu} = \frac{(\text{verim} \cdot \text{güç faktörü})^{M_1}}{(Kg)^{M_2} \cdot (M_{ue})^{M_3}} \quad (4.38)$$

$$\text{Amaç Fonksiyonu} = \frac{(\text{verim} \cdot \text{güç faktörü})^{M_1}}{(\text{maliyet})^{M_2} \cdot (M_{ue})^{M_3}} \quad (4.39)$$

elde edilir. Burada, M_{ue} uç etki faktörüdür. Tasarlanan lineer motor için verim*güç faktörü değeri motor performansının belirlenmesinde birinci faktördür. Tanımlanan bu üç değişik optimizasyon amaç fonksiyonunda hacim başına performans, ağırlık başına performans ve maliyet başına performans değerleri elde edilmeye çalışılmıştır. M_{ue} uç etki faktörü hava aralığı gücünden hava aralığında meydana gelen relüktans, saçaklanma ve diğer ek kayıplar çıkarıldıktan sonra elde edilmektedir [19–20].

$$M_{ue} = \frac{P_{ha} - P_{hak}}{P_{ha}} \quad (4.40)$$

M_{ue} uç etkisi faktörü motor hızıyla beraber değişim göstermektedir. Eş. 4.40'da P_{ha} hava aralığı gücü ve P_{hak} hava aralığı gücü kayıplarını ifade etmektedir. Tanımlanan amaç fonksiyonları farklı tasarımlarda kullanılmış ve performans etkileri incelenmiştir. Tanımlanan üç farklı optimizasyon amaç fonksiyonu dört farklı durumda incelenmiştir. Bunlar

1. M_1=1, M_2=M_3=0
2. M_1=0, M_2=M_3=1
3. M_1= M_2=0, M_3=1
4. M_1=M_2= M_3=1

durumlarıdır. Optimizasyon amaç fonksiyonu için yukarıdaki durumlar aşağıdaki şekilde açıklanabilir.

1. Birinci durumda amaç fonksiyonlarında ayrı ayrı performansı arttırmaya yani verim*güç faktörü değerine odaklanılıyor.
2. İkinci durumda amaç fonksiyonlarında hacim, ağırlık ve maliyet minimuma indirilmeye odaklanılıyor.
3. Üçüncü durumda performansı artırmak için uç etkisi değeri azaltılmaya odaklanılıyor.
4. Dördüncü durumda genel performans artırımına odaklanılıyor.

Lineer elektromanyetik fırlatıcılar için geliştirilen yazılımda hazırlanılan ek bir bölüm ile Eş. 4.37, 4.38 ve 4.39'da tanımlanan amaç fonksiyonlarından yararlanılarak boyut optimizasyonunu analitik temelli iteratif bir algoritmayla gerçekleştirmektedir. Geliştirilen iteratif boyut optimizasyonuna yönelik çözüm algoritması şekil 4.7'de gösterilmiştir.

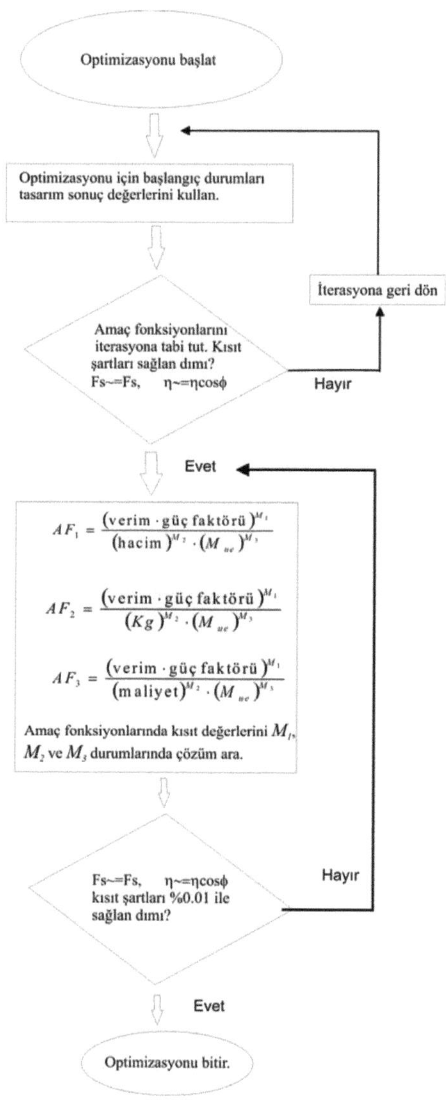

Şekil 4.8 İteratif çözüm algoritması

Bu algoritma klasik boyut hesaplamalarından elde edilen verileri kullanarak üç amaç fonksiyonu için ayrı olmak üzere, kısıt şartları (=, >=, <=, > ve <) seçilmek kaydıyla hesaplama yapmaktadır. Geliştirilen program ilk tasarım parametreleriyle optimizasyon sonucunda elde edilen yada bir başka deyişle geliştirilen değerlerin değişim oranlarını da hesaplamaktadır. Optimizasyon sonucu elde edilen değerler ayrıca bir sonuç ekranından görülebilmektedir. Seçilen kısıt parametrelerine göre amaç fonksiyonlarının indirgendiği durumlar Çizelge 4.1'de verilmiştir.

Çizelge 4.1. Kısıt parametrelerine göre amaç fonksiyonları

Kısıt parametresi	**M_1, M_2 ve M_3 durumu**	**Amaç fonksiyonu**	**İndirgenen amaç fonksiyonu**
= >= >	M_1=1 M_2=0 M_3=0	$AF_1 = \frac{(\text{verim} \cdot \text{güç faktörü})^{M_1}}{(\text{hacim})^{M_2} \cdot (M_{ue})^{M_3}}$	$AF_1 = \text{verim} \cdot \text{güç faktörü}$
		$AF_2 = \frac{(\text{verim} \cdot \text{güç faktörü})^{M_1}}{(Kg)^{M_2} \cdot (M_{ue})^{M_3}}$	$AF_2 = \text{verim} \cdot \text{güç faktörü}$
		$AF_3 = \frac{(\text{verim} \cdot \text{güç faktörü})^{M_1}}{(\text{maliyet})^{M_2} \cdot (M_{ue})^{M_3}}$	$AF_3 = \text{verim} \cdot \text{güç faktörü}$
= <= <	M_1=0 M_2=1 M_3=1	$AF_1 = \frac{(\text{verim} \cdot \text{güç faktörü})^{M_1}}{(\text{hacim})^{M_2} \cdot (M_{ue})^{M_3}}$	$AF_1 = \frac{1}{\text{hacim} \cdot M_{ue}}$
		$AF_2 = \frac{(\text{verim} \cdot \text{güç faktörü})^{M_1}}{(Kg)^{M_2} \cdot (M_{ue})^{M_3}}$	$AF_2 = \frac{1}{Kg \cdot M_{ue}}$
		$AF_3 = \frac{(\text{verim} \cdot \text{güç faktörü})^{M_1}}{(\text{maliyet})^{M_2} \cdot (M_{ue})^{M_3}}$	$AF_3 = \frac{1}{\text{maliyet} \cdot M_{ue}}$
=	M_1=0	$AF_1 = \frac{(\text{verim} \cdot \text{güç faktörü})^{M_1}}{(\text{hacim})^{M_2} \cdot (M_{ue})^{M_3}}$	$AF_1 = \frac{1}{M_{ue}}$

<= <	M_2=0 M_3=1	$AF_2=\frac{(\text{verim}\cdot\text{güç faktörü})^{M_1}}{(Kg)^{M_2}\cdot(M_{ue})^{M_3}}$	$AF_2=\frac{1}{M_{ue}}$
		$AF_3=\frac{(\text{verim}\cdot\text{güç faktörü})^{M_1}}{(\text{maliyet})^{M_2}\cdot(M_{ue})^{M_3}}$	$AF_3=\frac{1}{M_{ue}}$
= >= <= > <	M_1=1 M_2=1 M_3=1	$AF_1=\frac{(\text{verim}\cdot\text{güç faktörü})^{M_1}}{(\text{hacim})^{M_2}\cdot(M_{ue})^{M_3}}$	$AF_1=\frac{(\text{verim}\cdot\text{güç faktörü})}{(\text{hacim})\cdot(M_{ue})}$
		$AF_2=\frac{(\text{verim}\cdot\text{güç faktörü})^{M_1}}{(Kg)^{M_2}\cdot(M_{ue})^{M_3}}$	$AF_2=\frac{(\text{verim}\cdot\text{güç faktörü})}{(Kg)\cdot(M_{ue})}$
		$AF_3=\frac{(\text{verim}\cdot\text{güç faktörü})^{M_1}}{(\text{maliyet})^{M_2}\cdot(M_{ue})^{M_3}}$	$AF_3=\frac{(\text{verim}\cdot\text{güç faktörü})}{(\text{maliyet})\cdot(M_{ue})}$

Çizelge 4.1'de görüleceği üzere geliştirilen programda seçilen kısıt parametresine göre program amaç fonksiyonlarını bir alt forma indirgemektedir. Bu formlar optimizasyonda iteratif döngülerin kısıt fonksiyonları olarak kullanılmıştır. Ayrıca Çizelge 4.1'de amaç fonksiyonlarının durumlarına göre kullanılabilecek kısıt parametreleri de verilmiştir.

5. LİNEER İNDÜKSİYON MOTORUN İKİ BOYUTLU SİMÜLASYONU VE LİM TASARIM YAZILIMI

5.1. Giriş

Lineer indüksiyon motorun bu bölümde temel boyutlandırma işleminden sonra iki boyutlu statik manyetik analizleri yapılmıştır. Analizler iki boyutlu sonlu elemanlar metodunu içeren Ansoft Maxwell 2D programı ile yapılmıştır. Lineer indüksiyon motoru boyutlandırmak için çalışmanın üçüncü bölümündeki boyut eşitliklerinden yararlanılmıştır. Elde edilen değerler ile geliştirilen program yardımıyla analitik çözümler elde edilmiştir. Tasarlanan lineer indüksiyon motora ait değerler tablolar halinde sunulmuştur.

Elde edilen benzetim sonuçları kullanılarak aktif materyal kullanımını azaltmak bu yolla ağırlığı ve kayıpları azaltmak ve verimi de yükseltmek için tasarlanan lineer indüksiyon motorda boyut optimizasyonu yapılmıştır. Optimizasyon sonuçları ve benzetim sonuçları karşılaştırılmış ve elde edilen değerler doğrulanmıştır. Motorda kullanılan malzemelerin karakteristiklerindeki kısıtlılıklar yüksek sıcaklıklarda kayıpların artması, verimin azalması gibi konular derinlemesine irdelenmiştir. Elde edilen sonuçlarda görülmüştür ki aktif materyal kullanımını azaltmak üzerine kurulan bir optimizasyon probleminin sonucunda kullanılan malzeme miktarı azaltılabilmekte fakat verimde çok küçük değişiklikler elde edilebilmektedir. Optimizasyonda birbirine bağımlı değişkenler kullanılmıştır. Oluk boyutları iletim plaka kalınlığı ile birlikte kullanılmış, stator boyunduruk akı yoğunluğuna bağlı olarak iyileştirilmeye çalışılmış ve tasarımdaki en iyi sonuçlar lineer motor için elde edilmeye çalışılmıştır. Kullanılan optimizasyon tekniği ile birbirine bağımlı ardışıl karma değişken nonlineer programlama tekniği olarak literatürde geçen teknik sayesinde tasarım parametreleri en üst düzeyde sonuca katkı sağlayacak şekilde formüle edilmiştir.

Geliştirilen program iki basamaklı olarak analitik tasarımlar ortaya çıkarma kapasitesine sahiptir. İlk olarak tasarımcı tarafından belirlenen giriş tasarım parametrelerini kullanarak, lineer indüksiyon motorun eşdeğer devre modeli üzerinden motorun geometrik değerlerini hesaplar. Hesaplanan bu veriler ile ikinci basamak olan optimizasyon kısmında ise bu verileri gene tasarımcının belirlediği kısıt parametrelerine göre iteratif olarak iyileştirmeye çalışır. Bu iyileştirme her bir parametreye bağlı olarak kendi içinde fonksiyonların tekrar tekrar hesaplanması yoluyla elde edilmektedir.

5.2. İki Boyutlu Analizler

Ansoft Maxwell paket programı temel olarak bir yönetici penceresi ve buna ait alt birimlerden oluşmuştur. Modellemeyi düşündüğümüz aygıtın ilk önce ölçüler, yapısında kullanılan malzemeler gibi özellikleri belirledikten sonra, yönetici penceresinden yapacağımız modellemeye ait çözüm tipini seçmeliyiz. Bu seçim aynı zamanda bizim çözüm sonunda hangi parametrelerle karşılaşacağımızı da belirler. Çözüm tipi şu bölümlerden oluşur:

- Electrostatic (Elektrostatik)
- Magnetostatic (Manyetostatik)
- Eddy current (Girdap akımları)
- Transient (Geçici rejim)

5.2.1. Statik manyetik analiz

Bu çalışmada manyeto-statik (Magnetostatic), çözüm tipi kullanılmıştır. Çözüm tipi seçildikten sonra çizim menüsüne geçilir. Elde edilen boyut değerleriyle ilk tasarım modeli oluşturulur ve benzetimi yapılır. Sonlu elemanlar metodu sayesinde analitik hesaplamalarda göremeyeceğimiz stator diş akıları, kaçak akılar gibi değerler hem hesaplanabilir hem de görselleştirilebilir olmuştur.

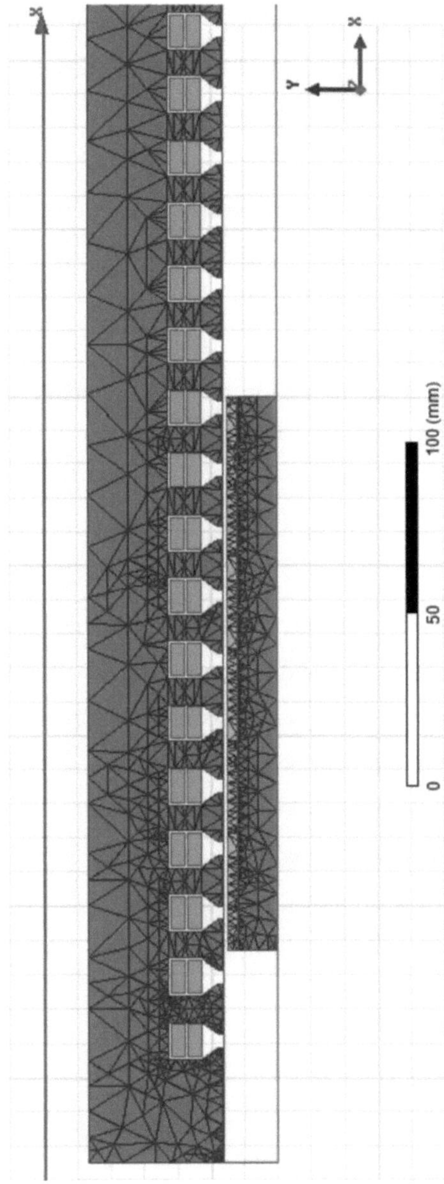

Şekil 5.1. Tasarlanan lineer motora ait iki boyutlu mesh görüntüsü.

Mevcut analitik teknikler kişilerin oluşturduğu kavramsal modeller üzerinde güçlü etki taşıdığından bu yeni analiz teknikleri tasarımcının probleme yaklaşımını son derece etkiler. Bu paket programlar analiz ve tasarım prosedürünü üç temel aşamada oluşturmaktadır.

Giriş: Bu aşamada eleman cinsleri, eleman sabitleri, elemanların özellikleri, yapılacak analiz çeşidi ve model geometrisi belirlenerek temel hazırlıklar tamamlanır.

Çözüm: Bu aşamada sınır değerleri ve elemanlara ait kaynak bilgileri belirlenir. Kaynak değerleri için gerekli fonksiyon tanımları ve harici devre uygulamaları da yine bu aşamada gerçekleştirilir.

Çıkış: Bu aşamada çözümler yapılır. Sonuçlar rakamsal veya grafik olarak okunur.

Yukarıda anlatılan klasik yöntemin sonuna günümüzde geliştirilen optimizasyon algoritmaları ile yeni işlemler geldiği görülmektedir. Tasarlanan makinenin tek başına tek bir analiz ve hesaplama sonucunda üretime hazır hale gelmesi beklenmemelidir. Bunun için hem boyutsal anlamda hem de performans anlamında makinenin iyileştirilmesi gerekmektedir. Akademide ve endüstride genel kanı optimum maliyet ile kullanılan malzeme miktarının minimumda kesiştiği nokta üretilebilir bir sistem olarak görülmektedir.

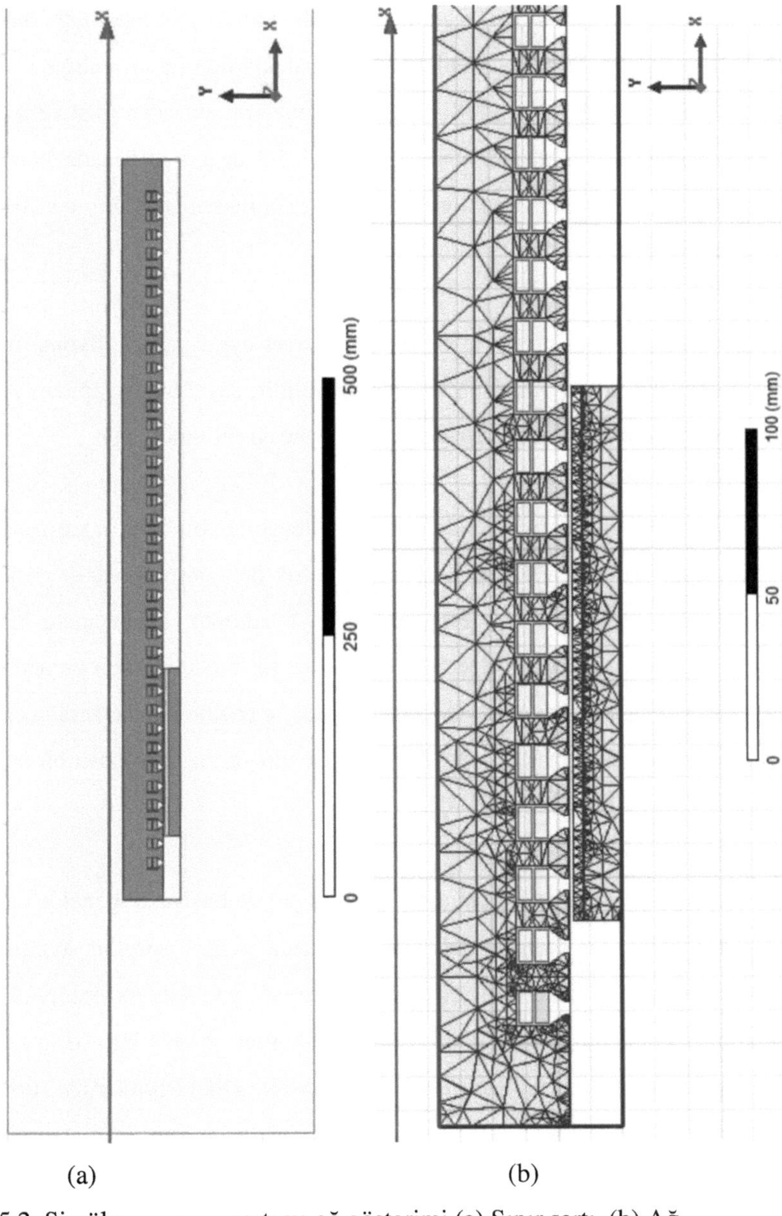

(a) (b)

Şekil 5.2. Simülasyon sınır şartı ve ağ gösterimi (a) Sınır şartı, (b) Ağ

Sınır şartı bir simülasyonda doğru sonuçlar elde etmek için üzerinde durulması gereken bir durumdur. Bunun sebebi hareketli parçalardan hava aralığına ve sabit parçalardan hava aralığı üzerinden hareketli parçalara aktarılan manyetik alanın doğru hesaplanabilmesi için gerekmektedir. Şekil 5.2 de bu çalışmada kullanıldığı şekli ile sadece içi hava olan ve motoru dışarıdan hava ile kaplayan bir alan sınır şartı olarak kullanılmıştır.

Maxwell ile tasarım basit bir prensibe dayanır; şayet aygıt yapılabiliyorsa bu onun modellenebileceğini gösterir. Bunun tersi de önemlidir; şayet aygıt yapılamıyorsa bu durumda aygıtın benzetim modelinin de yapılamayacağı bilinmektedir.

Maxwell çözücüleri en yüksek doğruluk ile modellenebilen bir aygıtın karmaşıklığına bir sınır koyarlar. Bu nedenden dolayı her geometrik detayın tam olarak gösterildiği pratik bir aygıtın modellenmesi teşebbüsü tavsiye edilmez. Başlangıçta karmaşık modellerden kaçmak için pratik nedenler de vardır. İlk model hemen hemen hatalar içerecek şayet çok detaylı ise çözümü zaman alacak ve çözüm hatalar ortaya çıkmışsa modelin yeniden oluşturulması zaman alacaktır. Bunun yerine daha basit bir benzetim ile yaklaşık bir analiz tercih edilmelidir.

Bir aygıtın temel özelliklerini koruyan basit bir model ile başlamak genelde en iyidir. Biçimler ve ölçüler basitleştirilebilir. Bu çalışmada gerçek sargılar aygıtın çelik nüvesinden sargıyı ayırmak için manyetik olmayan yalıtkanlara sahiptir. Böyle yalıtkanların modellenmesine gerek yoktur. Sargılar bariz bir hataya neden olmayacak şekilde çelik gövdeye birleşik modellenebilir. İlk çözümlerden sonra gene de çok hassas bir modellenme isteniyorsa bu yalıtkanlar benzetim modeli üzerinde gösterilebilir.

Bu çalışmada modelin ilk çözümü için doğruluk pahasına hız tercih edilmiş, iki boyutlu lineer indüksiyon motor modeli incelenmiş ve elde edilen akı çiziminden modelin yapısındaki hatalar ortaya çıkarılması sağlanmıştır. Herhangi bir sayısal metotla mükemmel doğruluğa ulaşılamaz. En yüksek hassasiyet seviyesinde bile Maxwell ile yapılacak çözümlerde hata içerecektir. Çoğu durumlarda bu hatalar önemsiz olacak ve üretim toleransları ve manyetik malzemelerin özelliklerindeki değişimden muhtemelen düşük olacaktır.

Maxwell ile hesaplamalar yapılırken model sınırlarının dış hattı boyunca enerjinin sıfır olduğu kabul edilir. Bu nedenle modelin sınırları doğru olarak belirlenemez ise hesaplamalarda yanlışlıklar olacağı muhakkaktır. Sınır değer analizi yapılırken üzerinde çalışılacak model geometrisi esas alınarak, sınırlar model sınırlarına eşit ve model sınırının birkaç katından büyük olacak biçimde benzetimler yapılarak sonuçlar elde edilmiştir. Çeşitli sınır değerlerde sonuçların kaydedilmesinin sebebi farklı sınırlardaki çözümlerin sonuçları karşılaştırılarak sonraki yapılacak olan çözümlerde standart bir sınır değer elde etmektir [67].

Simülasyon kurulurken, özellikle hava aralığı ve makine üzerindeki etkiler konusunda birtakım varsayımlar ve kabuller üzerine hareket edilmektedir. Bunlar;

- Stator sargıları çok ince bir akım tabakası şeklinde oluk içerisinde yer almaktadır.
- Kullanılan çelik malzeme çok iyi yığınlaşmış laminasyondan oluşmaktadır.
- Stator yüzeyi hareketli bölüm yüzeyine paraleldir.
- Hareketli kısım arka demir manyetik geçirgenliği önceden belirlenmiştir.
- Tüm elektromanyetik alanlar homojen ve düzgün dağılmıştır.

Hava aralığı için manyetik alan şiddeti aşağıdaki gibi yazılabilir ($0<y<g$).

$$H_x = \sum_{v=1}^{\infty} \frac{1}{M_v} \left\{ \begin{array}{l} \frac{K_{v2}}{\beta_v} \left[\frac{K_{v1}}{K_{v2}} \cosh(K_{v2} d_{a1}) + \mu_r \sinh(K_{v2} d_{a1}) \right] \cosh[(\beta_v (y-g))] - \\ \left[\mu_r \cosh(K_{v2} d_{a1}) + \frac{K_{v1}}{K_{v2}} \sinh(K_{v2} d_{a1}) \right] \sinh[\beta_v (y-g)] \\ \left[-\left(A_{mv}^{+} e^{-j\beta_v x} + A_{mv}^{-} e^{j\beta_v x} \right) \right] \end{array} \right\} \quad (5.1)$$

$$H_y = \sum_{v=1}^{\infty} \frac{1}{M_v} \left\{ \begin{array}{l} \frac{K_{v2}}{\beta_v} \left[\frac{K_{v1}}{K_{v2}} \sinh(K_{v2} d_{a1}) + \mu_r \cosh(K_{v2} d_{a1}) \right] \cosh[(\beta_v (y-g))] - \\ \frac{K_{v2}}{\beta_v} [\mu_r \sinh(K_{v2} d_{a1})] + \frac{K_{v1}}{K_{v2}} \cosh[K_{v2} d_{a1}] \sinh[\beta_v (y-g)] \\ \left[j\left(A_{mv}^{+} e^{-j\beta_v x} - A_{mv}^{-} e^{j\beta_v x} \right) \right] \end{array} \right\} \quad (5.2)$$

$$E_z = \sum_{v=1}^{\infty} \frac{1}{M_v} \left\{ \begin{array}{l} \frac{K_{v2}}{\beta_v} \left[\frac{K_{v1}}{K_{v2}} \sinh(K_{v2} d_{a1}) + \mu_r \cosh(K_{v2} d_{a1}) \right] \cosh[(\beta_v (y-g))] - \\ \frac{K_{v2}}{\beta_v} [\mu_r \sinh(K_{v2} d_{a1})] + \frac{K_{v1}}{K_{v2}} \cosh[K_{v2} d_{a1}] \sinh[\beta_v (y-g)] \\ \left[\frac{j\omega\mu_0}{\beta_v} \left(A_{mv}^{+} e^{-j\beta_v x} - A_{mv}^{-} e^{j\beta_v x} \right) \right] \end{array} \right\} \quad (5.3)$$

İletim plakası alüminyum yüzey dışı için manyetik alan sınır şartı ($g<y<g+d$);

$$H_x = \sum_{v=1}^{\infty} \frac{1}{M_v} \frac{K_{v2}}{\beta_v} \left\{ \begin{array}{l} \frac{K_{v1}}{K_{v2}} \cosh[K_{v2} (y-d-g)] - \mu_r \sinh[K_{v2} (y-d-g)] \\ \left[-\left(A_{mv}^{+} e^{-j\beta_v x} - A_{mv}^{-} e^{j\beta_v x} \right) \right] \end{array} \right\} \quad (5.4)$$

$$H_y = \sum_{v=1}^{\infty} \frac{1}{M_v} \begin{Bmatrix} \mu_r \cosh[K_{v2}(y-d-g)] - \frac{K_{v1}}{K_{v2}} \sinh[K_{v2}(y-d-g)] \\ \left[j\left(A_{mv}^{+} e^{-j\beta_v x} - A_{mv}^{-} e^{j\beta_v x}\right) \right] \end{Bmatrix} \tag{5.5}$$

$$E_z = \sum_{v=1}^{\infty} \frac{1}{M_v} \begin{Bmatrix} \mu_r \cosh[K_{v2}(y-d-g)] - \frac{K_{v1}}{K_{v2}} \sinh[K_{v2}(y-d-g)] \\ \left[\frac{j\omega_v \mu_0}{\beta_v} \left(A_{mv}^{+} e^{-j\beta_v x} - A_{mv}^{-} e^{j\beta_v x}\right) \right] \end{Bmatrix} \tag{5.6}$$

Hareketli bölüm dışı alanda sınır şartları ($y>g+d$);

$$H_x = \sum_{v=1}^{\infty} \frac{1}{M_v} \frac{K_{v1}}{\beta_v} e^{jkv(y-d-g)} \left[-\left(A_{mv}^{+} e^{j\beta_{vx}} - A_{mv}^{-} e^{j\beta_{vx}}\right) \right] \tag{5.7}$$

$$H_y = \sum_{v=1}^{\infty} \frac{1}{M_v} e^{jK_{v1}(y-d-g)} \left[j\left(A_{mv}^{+} e^{j\beta_{vx}} - A_{mv}^{-} e^{j\beta_{vx}}\right) \right] \tag{5.8}$$

$$E_z = \sum_{v=1}^{\infty} \frac{1}{M_v} e^{-jK_{v2}(y-d-g)} \left[\frac{j\omega\mu_0\mu_r}{\beta_v} \left(A_{mv}^{+} e^{j\beta_{vx}} + A_{mv}^{-} e^{j\beta_{vx}}\right) \right] \tag{5.9}$$

Burada;

$$M_v = \begin{Bmatrix} \frac{K_{v2}}{\beta_v} \left[\frac{K_{v1}}{K_{v2}} \cosh(K_{v2} d_{a1}) + \mu_r \sinh(K_{v2} d_{a1}) \right] \cosh(\beta_v g) + \\ \left[\mu_r \cosh(K_{v2} d_{a1}) + \frac{K_{v1}}{K_{v2}} \sinh(K_{v2} d_{a1}) \right] \sinh(\beta_v g) \end{Bmatrix} \beta_v = \frac{v\pi}{\tau} \tag{5.10}$$

İleri yönlü gezici alanlar için;

$$A_{m\nu}^{+}=\frac{mNk_w\sqrt{2}I}{p\tau}\exp\left[-j(\nu+1)\frac{m+1}{m}\pi\right] \tag{5.11}$$

$$\omega_{m\nu}^{+}=s^{+}\omega=2\pi fs^{+}\,;s^{+}=1-\nu(1-s) \tag{5.12}$$

İleri yönlü gezici alanlar için;

$$A_{m\nu}^{-}=\frac{mNk_w\sqrt{2}I}{p\tau}\exp\left[-j(\nu+1)\frac{m-1}{m}\pi\right] \tag{5.13}$$

$$\omega_{m\nu}^{-}=s^{-}\omega=2\pi fs^{-}\,;s^{-}=1+\nu(1-s) \tag{5.14}$$

Yapılan tüm hesaplamalarda stator manyeto-motor kuvvetinin içerdiği temel uzay harmonikleri hesaba dâhil edilmiştir. İlk uzay harmoniği (ν=1) için manyeto-motor kuvvet Eş. 5.1, 5.2, 5.3, 5.4, 5.5, 5.6, 5.7, 5.8, 5.9, 5.10, 5.11, 5.12, 5.13 ve 5.14 kullanılarak elde edilmiştir. Elde edilen eşitlikler tekrardan düzenlenerek hava aralığı için, iletim plakası alüminyum dışı için ve arka demir dış yüzeyi için yeniden yazılmıştır. Bu düzenlemede zaman parametreleri elemine edilmiştir [67].

Hava aralığı için manyetik alan şiddeti düzenlenerek (ν=1) için aşağıdaki gibi yazılabilir ($0<y<g$).

$$H_x=-\frac{A_m e^{-j\beta x}}{M}\left\{\begin{array}{l}\frac{K_2}{\beta}\left[\frac{K_1}{K_2}\cosh(K_2 d_{a1})+\mu_r\sinh(K_2 d_{a1})\right]\cosh[\beta(y-g)]-\\ \left[\mu_r\cosh(K_2 d_{a1})+\frac{K_1}{K_2}\sinh(K_2 d_{a1})\right]\sinh[\beta\,(y-g)]\end{array}\right\} \tag{5.15}$$

$$H_y = \frac{jA_m e^{-j\beta x}}{M}\left\{\begin{matrix}[\mu_r \cosh(K_{v2}d_{a1})] + \frac{K_1}{K_2}\sinh[((y-g))] - \\ \frac{K_2}{\beta}\left[\frac{K_1}{K_2}\cosh(K_2 d_{a1})\right] + \mu_r \sinh[K_{v2}d_{a1}]\sinh[\beta_v(y-g)]\end{matrix}\right\} \quad (5.16)$$

$$E_z = \frac{j\omega\mu_0 A_m e^{-j\beta x}}{M}\left\{\begin{matrix}[\mu_r \cosh(K_2 d_{a1})]\left[\frac{K_1}{K_2}\sinh(K_2 d_{a1})\right]\cosh[(\beta(y-g))] - \\ \frac{K_2}{\beta}(\frac{K_1}{K_2}\cosh[K_2 d_{a1}]) + [\mu_r \sinh(K_2 d_{a1})]\sinh[\beta\,(y-g)]\end{matrix}\right\} \quad (5.17)$$

İletim plakası alüminyum yüzey dışı için manyetik alan sınır şartı (v=1) için yeniden düzenlenerek Eş. 5.18, 5.19 ve 5.20 gibi yazılabilir. ($g<y<g+d$);

$$H_x = -\frac{A_m K_2 e^{-j\beta x}}{M\beta}\left\{\frac{K_1}{K_2}\cosh[K_2(y-d-g)] - \mu_r \sinh[K_2(y-d-g)]\right\} \quad (5.18)$$

$$H_y = \frac{jA_m e^{-j\beta x}}{M\beta}\left\{\mu_r \cosh[K_2(y-d-g)] - \frac{K_1}{K_2}\sinh[K_2(y-d-g)]\right\} \quad (5.19)$$

$$E_z = \frac{j\omega\mu_0}{M\beta}A_m e^{-j\beta x}\left\{\mu_r \cosh[K_2(y-d-g)] - \frac{K_1}{K_2}\sinh[K_2(y-d-g)]\right\} \quad (5.20)$$

Hareketli bölüm dışı alanda sınır şartları (v=1) için yeniden düzenlenerek Eş. 5.21, 5.22 ve 5.23 gibi yazılabilir. ($y>g+d$);

$$H_x = -\frac{K_1 A_m}{M\beta}e^{-j\beta x}e^{jk1(y-d-g)} \quad (5.21)$$

$$H_y = -\frac{jA_m}{M} - e^{j\beta x} e^{jK_1(y-d-g)} \tag{5.22}$$

$$E_z = \frac{j\omega\mu_r A_m}{M\beta} e^{-j\beta x} e^{-K_2(y-d-g)} \tag{5.23}$$

Burada;

$$M = \begin{Bmatrix} \frac{K_2}{\beta}\left[\frac{K_1}{K_2}\cosh(K_2 d_{a1}) + \mu_r \sinh(K_2 d_{a1})\right]\cosh(\beta\, g) + \\ \left[\mu_r \cosh(K_2 d_{a1}) + \frac{K_1}{K_2}\sinh(K_2 d_{a1})\right]\sinh(\beta g) \end{Bmatrix} \beta = \frac{\pi}{\tau} \tag{5.24}$$

Lineer indüksiyon motorun iki boyutlu analiz şartları yukarıda bahsedilen eşitlikler ile sağlanmış oldu. Yukarıda yazılan eşitliklerde manyeto-motor kuvvet temel harmonik, deri etkisi ve reaksiyon plakası girdap akımları hesaba katılmış oldu [67].

Yapılan benzetimde lineer motor stator boyunduruk kısmında Şekil 5.3 de en yüksek 1,77 T civarında bir değer elde edilmiştir. Kullanılan malzemenin maksimum geçirgenliği 2,2 T civarındadır. Bu durumda tasarlanan lineer motorun doyuma ulaşmadan normal çalışma koşullarında yani ekstra bir soğutucu kullanmadan çalışabileceği yorumu yapılabilir.

Şekil 5.4 ve Şekil 5.5 de görüldüğü üzere lineer indüksiyon motor hareketli kısım farklı pozisyonlardayken motor manyetik parametreleri incelenmiş. Stator boyunduruk akı yoğunluğu, sargı hacim akım yoğunluğu ve akı çizgilerinin motor üzerindeki dağılımları gözlemlenmiştir. Simülasyon sonucunda elde edilen değerlerden tasarlanan motorun stator dişlerinde ve boyunduruğunda doyuma ulaşılmadan çalışıldığı tasarımda seçilen malzemelerin bu tasarım için uygun olduğu sonucuna varılabilir.

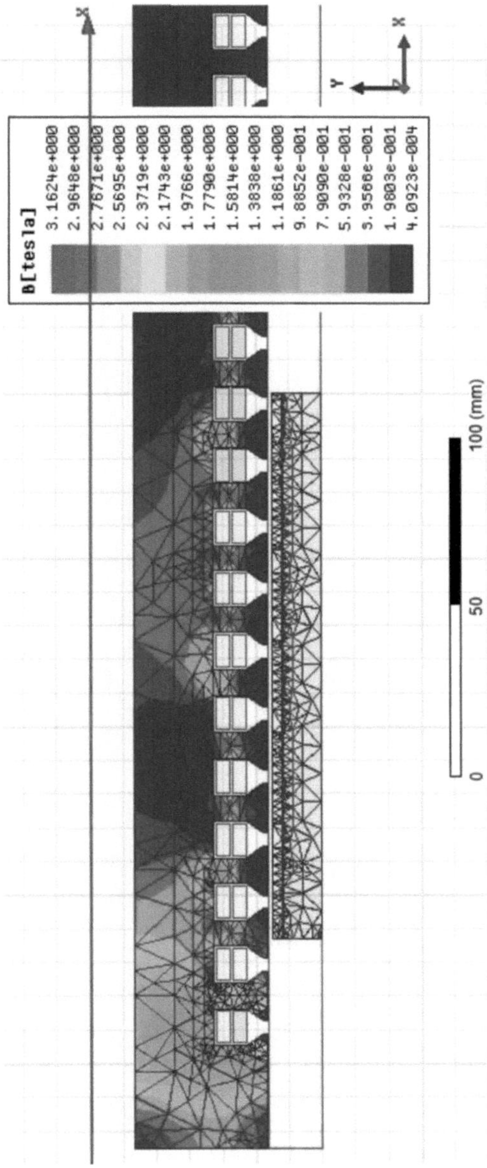

Şekil 5.3 Lineer motor üzerinde manyetik akı yoğunluğu gösterimi

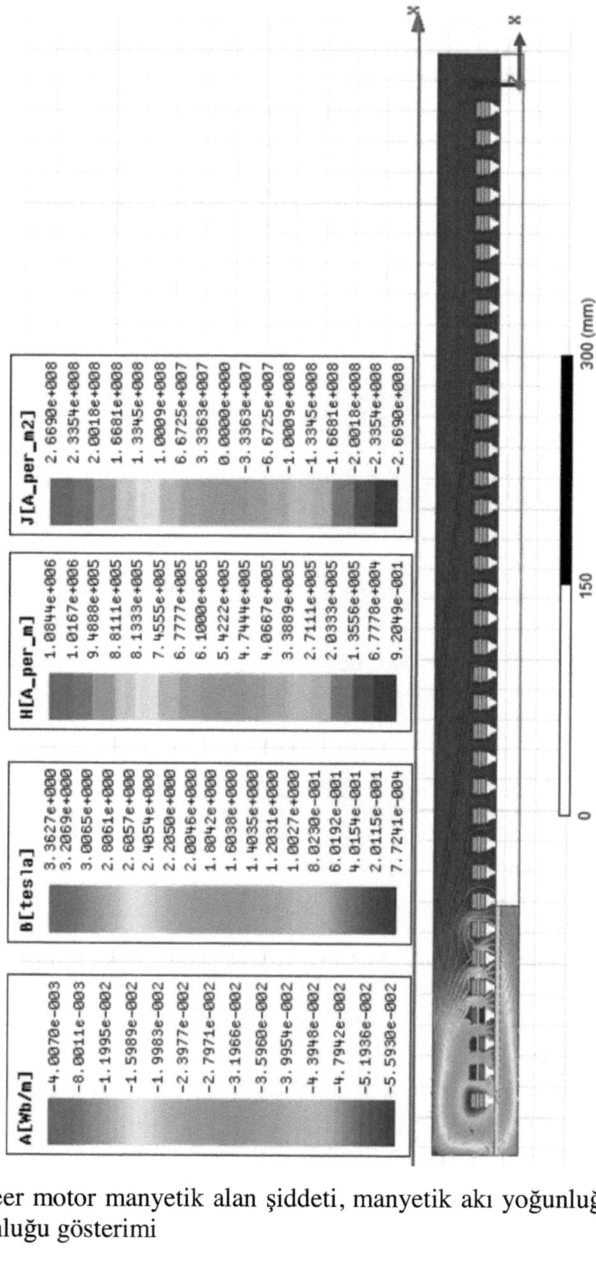

Şekil 5.4. Lineer motor manyetik alan şiddeti, manyetik akı yoğunluğu, hacim akım yoğunluğu gösterimi

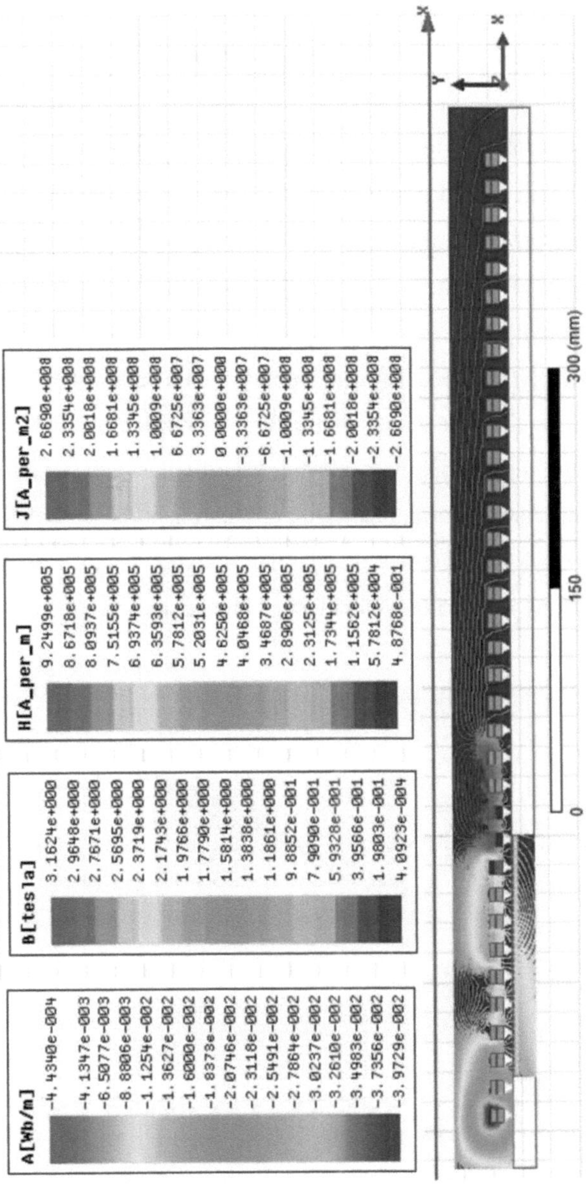

Şekil 5.5. Lineer motorun hareketli kısmı farklı pozisyondayken manyetik alan şiddeti, manyetik akı yoğunluğu, hacim akım yoğunluğu gösterimi.

5.3. Elektromanyetik Fırlatıcı Tasarım Yazılımı

Lineer indüksiyon fırlatıcı tasarım yazılımının temel yapısı MATLAB® GUI ile oluşturulmuştur. Hali hazırda hem endüstride hem de akademide kullanılan birçok yazılım geliştirme programı mevcuttur. Ancak bu yazılımların hiçbirisi MATLAB® GUI'nin sunduğu ve elektrik makinesi tasarımının ihtiyaç duyduğu karmaşık hesaplamaları yapmak için gereken altyapıyı sunmamaktadır [27]. Hazırlanan yazılım sayesinde tasarımcıya sadece tasarım için gereken giriş parametre değerlerinin girilmesi tasarımı başlatmak için yetmektedir. Bu şekilde tasarım deneyimi az olan veya konuya tam olarak hâkim olmayan tasarımcılar için tasarıma bir kolaylık getirmesi öngörülmüştür. Normal şartlarda çok karmaşık hesaplamalardan sonra elde edilebilen geometrik değerlerden ulaşılabilen makine tasarım sonuç değerleri bu şekilde hızlı ve kolay bir şekilde gerçekleştirilebilecektir.

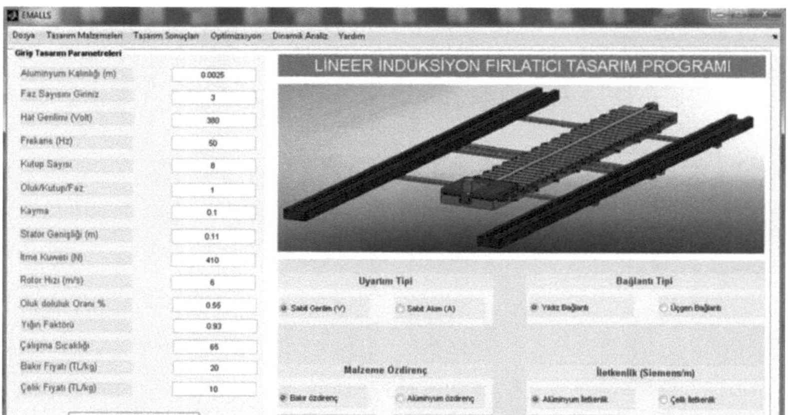

Şekil 5.6. Geliştirilen lineer indüksiyon fırlatıcı tasarım programı görüntüsü

Geliştirilen program beş ana menüden oluşmaktadır. Bunlar Dosya, Tasarım Malzemeleri, Tasarım Sonuçları, Optimizasyon ve Yardım Menüleridir. Dosya Menüsünde tasarımcı yaptığı tasarımı kaydedebilir ya da daha önceden yaptığı bir tasarımı tekrardan açabilir. Tasarım Malzemeleri menüsünde tasarımcı tasarladığı motor için farklı *B-H* değerlerine sahip malzemeleri seçebilmektedir. Tasarım Sonuçları menüsünden tasarım sonuçlarını isterse grafik olarak isterse sayısal değer olarak görüntüleyebilir. Optimizasyon Menüsünden optimizasyon ana ekranına ulaşabilir. Tasarlanan formlar her biri kendi içinde alt menülerden oluşmaktadır. Genel olarak bu alt menüler formlarda o anki veriler ile ilgili kayıt ya da yazdırma gibi seçenekleri içermektedir.

Geliştirilen programın ilk ana ekranında tasarımcıdan Alüminyum kalınlığı, faz sayısı, hat gerilimi, frekans, kutup sayısı, kayma, stator genişliği, itme kuvveti, rotor hızı, yığın faktörü, oluk doluluk oranı, çalışma sıcaklığı, kg başına bakır ve çelik fiyatı gibi başlangıç tasarım parametresi değerlerinin girilmesi istenmektedir. Ayrıca tasarımcıdan uyartım tipi, sargı bağlantı tipi, malzeme özdirenç ve iletkenlik gibi değerlerin belirlenmesi beklenmektedir.

Tasarım malzemeleri menüsü programda yapılan tasarıma malzeme atamak ve atanan malzemenin *B-H* grafiğini görmek için hazırlanmıştır. Burada bulunan malzemeler endüstride sıklıkla elektrik makinaları imalatında kullanılan malzemelerden seçilmiştir. Yüksek geçirgenlikte bir laminasyon çeliği seçilebileceği gibi orta geçirgenlikte bir laminasyon çeliği de seçilebilir. Bu tamamen tasarımcının seçimine bağlıdır. Malzeme seçiminden kaynaklanan girdap ve histerezis kayıpları şu an için yapılan analitik hesaplama programında ihmal edilmiştir.

Tasarımcı ayrıca kendi belirlediği özel bir malzemenin *B-H* değerlerini menüden ilgili bölüme girerek tasarımında kendi malzemesini kullanabilmektedir. B_r değerleri laminasyon çeliği için iki nokta arası interpolasyon ile hesaplanmaktadır.

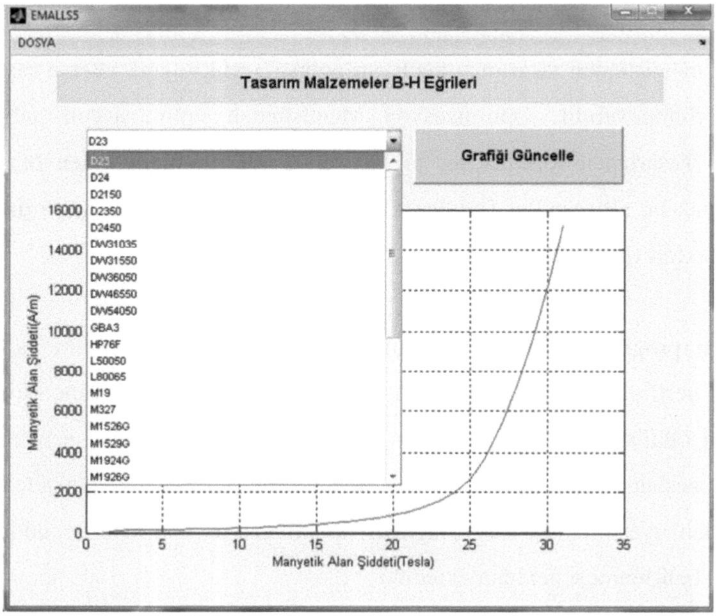

Şekil 5.7. Tasarım malzemeleri *B-H* eğrileri

Şekil 5.8. Tasarım Sonuçları ekranı

Tasarım Sonuçları ekranında çözümü yapılan tasarıma ait geometrik boyut değerleri, oluk ölçüleri, yaklaşık maliyet, kullanılan malzeme miktarı, elektrik parametreleri değerleri verilmektedir. Özellikle elektrik parametre değerleri motorun güç elektroniği sürücü kısmında kullanılabilmektedir. Ayrıca motor performans değerlerine gene bu ekrandan sayısal değer olarak ulaşılabilmektedir. Daha önceden programa sabit olarak girilen değerler Çizelge 5.1 de verilmiştir. Bu değerler manyetik geçirgenlik, çelik, bakır ve alüminyum yoğunlukları ve hacim akım yoğunluğu değerleridir.

Çizelge 5.1. Tasarım sabitleri

μ_0 boş uzayın manyetik geçirgenliği	$4\pi 10^{-7}$	
Hacim akım yoğunluğu	6,00	A/m^2
Bakır yoğunluğu	8900	Kg/m^3

Çelik yoğunluğu	7800	Kg/m^3
Alüminyum yoğunluğu	2700	Kg/m^3

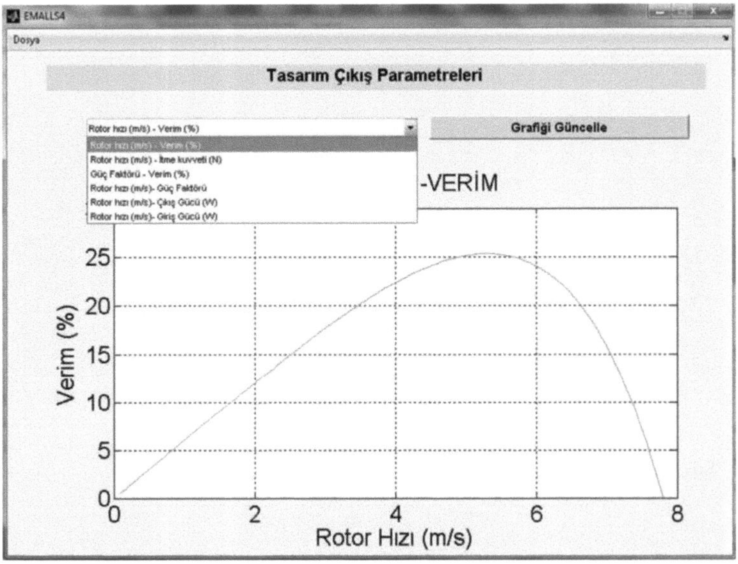

Şekil 5.9. Tasarım Çıkış Parametreleri grafik sonuç ekranı

Tasarım Çıkış Parametreleri sonuç sayfasından rotor hızına karşılık verim, itme kuvveti, güç faktörü, çıkış gücü ve giriş gücü değerlerini grafiksel olarak göstermek mümkündür. Bu sayfadan optimizasyon öncesi sadece analitik çözüm sonuçlarını grafiksel olarak gösterilebilmektedir.

Şekil 5.10, 5.11 ve 5.12 de analitik tasarım ve optimizasyon sonrası tasarım sonuçları kıyaslanmaktadır. Optimizasyon öncesi aynı rotor hızına karşılık gelen verim değeri % 38-40 iken optimizasyon sonrasında aynı hıza karşılık gelen verim değeri % 85'lere yükselmiştir. Aynı durum şekil 5.11 de itme kuvveti için de söylenebilir. Aynı rotor hızında analitik sonuçta 3800 N itme kuvveti oluşurken optimizasyon sonrasında 4300 N'a ulaşmıştır.

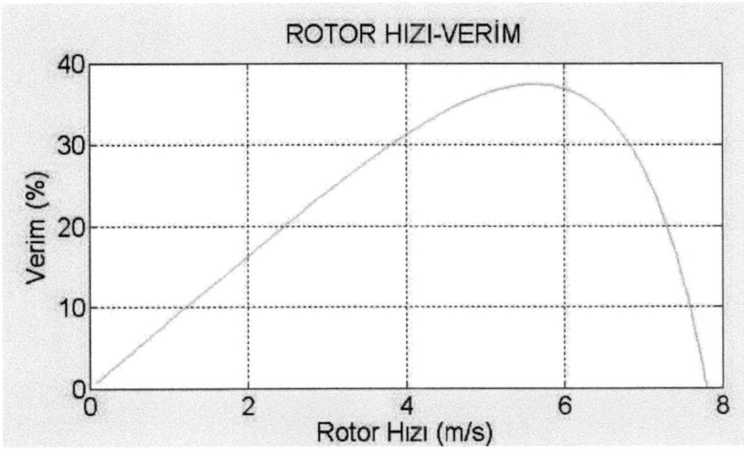

(a)

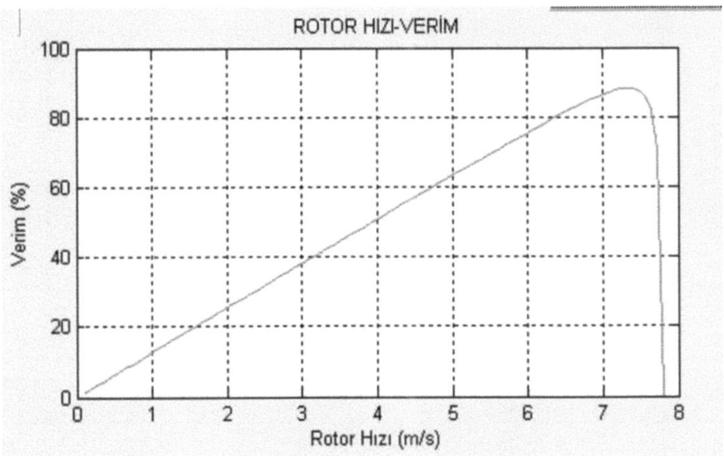

(b)

Şekil 5.10. Analitik ve optimizasyon rotor hızı-verim sonucu (a) Rotor hızı-verim analitik sonuç (b) Rotor hızı-verim optimizasyon sonrası sonuç

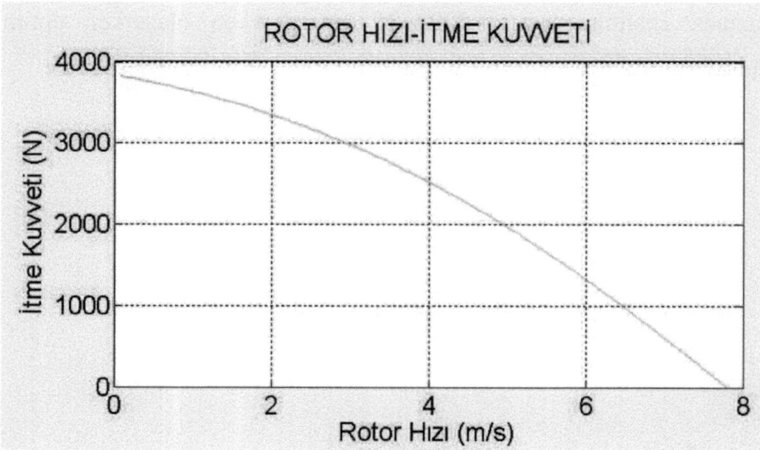

(a)

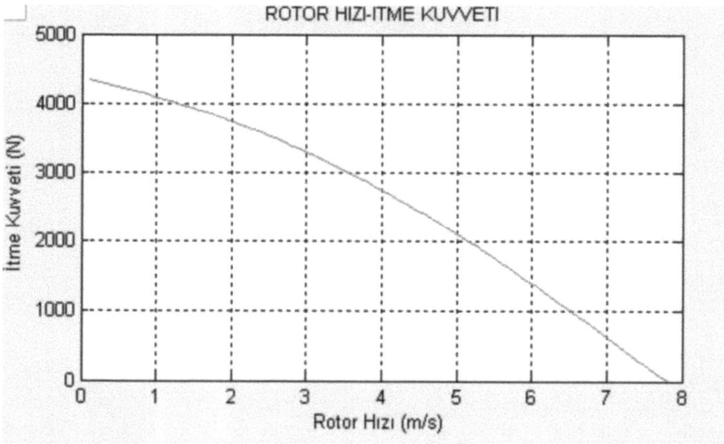

(b)

Şekil 5.11. Analitik ve optimizasyon rotor hızı-itme kuvveti sonucu (a)Rotor hızı-itme kuvveti analitik sonuç (b) Rotor hızı-itme kuvveti optimizasyon sonrası sonuç

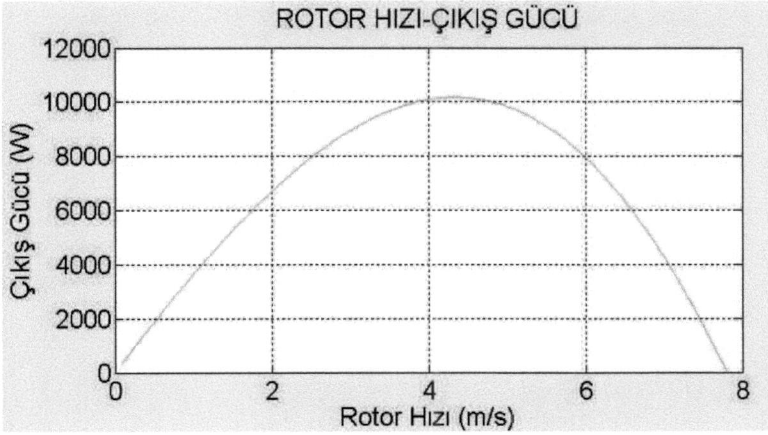

(a)

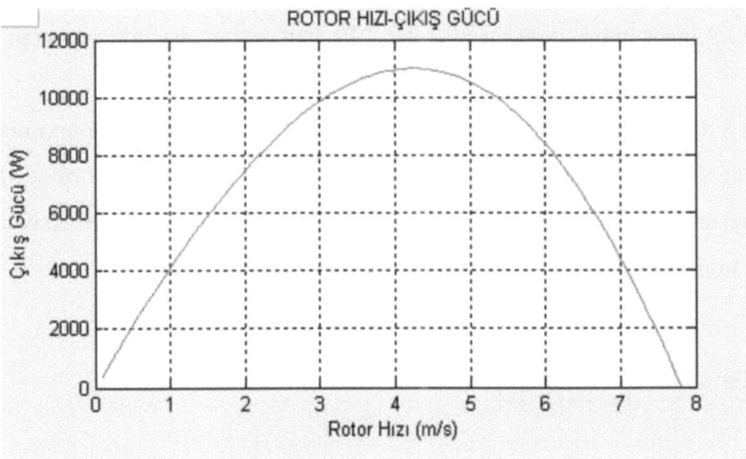

(b)

Şekil 5.12. Analitik ve optimizasyon rotor hızı-çıkış gücü sonucu (a)Rotor hızı-çıkış gücü analitik sonuç (b) Rotor hızı-çıkış gücü optimizasyon sonrası sonuç

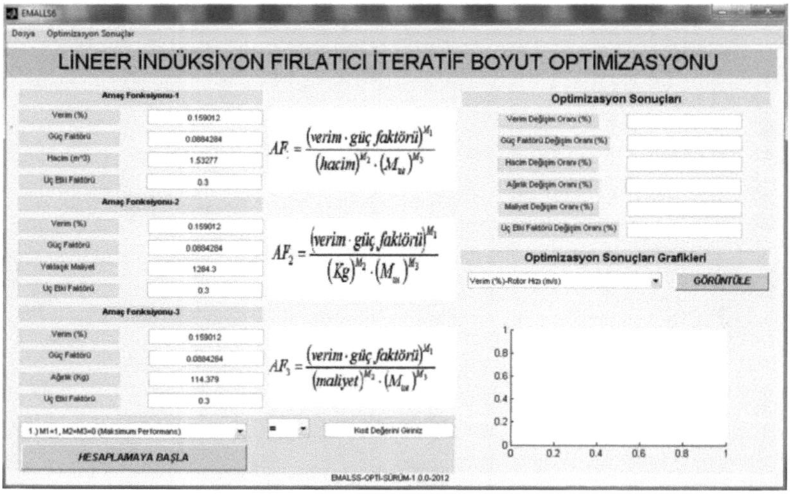

Şekil 5.13. Lineer İndüksiyon Fırlatıcı iteratif boyut optimizasyonu ana ekran

Şekil 5.13 de görüldüğü üzere üç amaç fonksiyonu için ilk tasarımdan elde edilen, verim, güç faktörü, hacim, yaklaşık maliyet, ağırlık ve uç etki faktörü seçilen kısıt parametresine göre dört farklı yaklaşımla iteratif olarak amaç fonksiyonu kısıt değerine ulaşılmaya çalışmaktadır.

$$\text{Amaç Fonksiyonu} = \frac{(\text{verim} \cdot \text{güç faktörü})^{M_1}}{(\text{hacim})^{M_2} \cdot (M_{ue})^{M_3}} \tag{5.25}$$

$$\text{Amaç Fonksiyonu} = \frac{(\text{verim} \cdot \text{güç faktörü})^{M_1}}{(Kg)^{M_2} \cdot (M_{ue})^{M_3}} \tag{5.26}$$

$$\text{Amaç Fonksiyonu} = \frac{(\text{verim} \cdot \text{güç faktörü})^{M_1}}{(\text{maliyet})^{M_2} \cdot (M_{ue})^{M_3}} \tag{5.27}$$

Eş. 5.25, 5.26 ve 5.57 de gösterilen amaç fonksiyonları önceden belirlenen durumlara göre boyut parametrelerini tekrardan hesaplamaktadır.

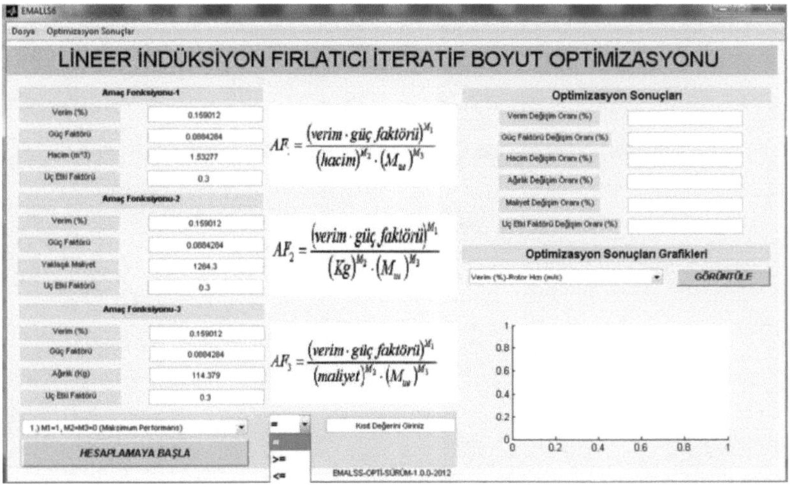

Şekil 5.14. Optimizasyon Ekranı kısıt gösterimi

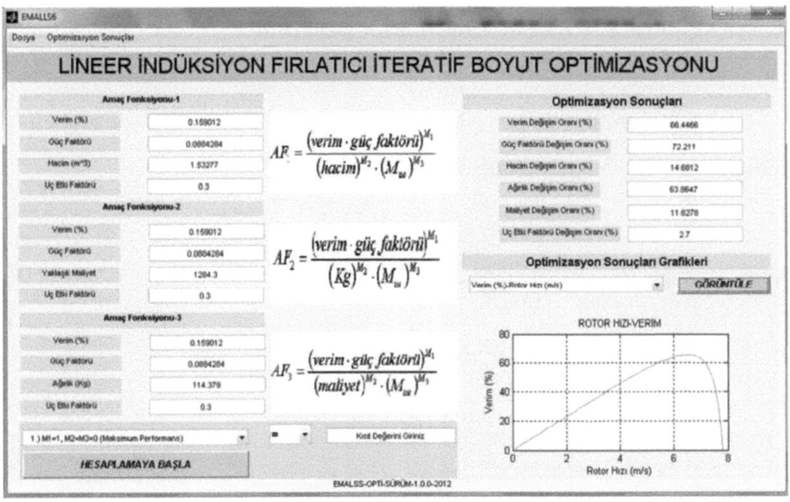

Şekil 5.15. Optimizasyon Ekranı sonuç gösterimi

Şekil 5.14 ve 5.15 de görüleceği üzere verim değişim oranı, güç faktörü değişim oranı, hacim değişim oranı, ağırlık değişim oranı, maliyet değişim oranı ve uç etki faktörü değişim oranı optimizasyon sonucu olarak tasarımcıya sunulmaktadır.

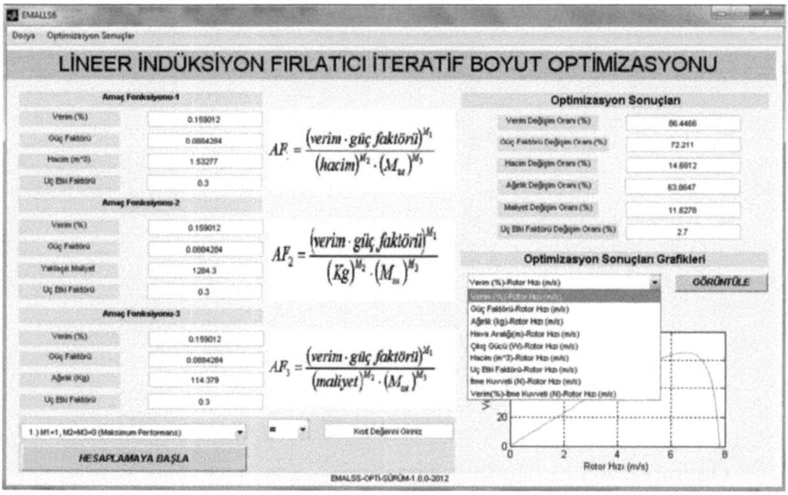

Şekil 5.16. Optimizasyon Ekranı sonuç grafik gösterimi

Amaç fonksiyonlarını lineer motor makine boyutları cinsinden tekrar düzenlediğimizde Eş. 5.28, 5.29 ve 5.30 elde edilir.

$$\text{Amaç Fonksiyonu} = \frac{(\text{verim} \cdot \text{güç faktörü})^{M_1}}{(\text{hacim})^{M_2} \cdot (M_{ue})^{M_3}} =$$

$$\frac{\left\{ \left(\dfrac{F_s 2\tau f_1 (1-S)}{F_s 2\tau f_1 + 3R_1 I_l^2} \right) \left(\dfrac{F_s 2\tau f_1 + 3R_1 I_l^2}{3V_l I_l} \right) \right\}^{M_1}}{\left\{ \left(w_b \cdot ((L_s \cdot h_y) + (m \cdot p \cdot q) \cdot (h_s \cdot w_t) \right)^{M_2} \left(\dfrac{P_{ha} - P_{hak}}{P_{ha}} \right)^{M_3} \right\}} \tag{5.28}$$

$$\text{Amaç Fonksiyonu} = \frac{(\text{verim} \cdot \text{güç faktörü})^{M_1}}{(Kg)^{M_2} \cdot (M_{ue})^{M_3}} = \frac{\left\{\left(\dfrac{F_s 2\tau f_1 (1-S)}{F_s 2\tau f_1 + 3R_1 I_l^2}\right)\left(\dfrac{F_s 2\tau f_1 + 3R_1 I_l^2}{3V_l I_l}\right)\right\}^{M_1}}{\left\{((V_{nüve} \cdot \rho_{çelik}) + (V_{Cu} \cdot \rho_{Cu}))^{M_2} \left(\dfrac{P_{ha} - P_{hak}}{P_{ha}}\right)^{M_3}\right\}} \quad (5.29)$$

$$\text{Amaç Fonksiyonu} = \frac{(\text{verim} \cdot \text{güç faktörü})^{M_1}}{(\text{maliyet})^{M_2} \cdot (M_{ue})^{M_3}} = \frac{\left\{\left(\dfrac{F_s 2\tau f_1 (1-S)}{F_s 2\tau f_1 + 3R_1 I_l^2}\right)\left(\dfrac{F_s 2\tau f_1 + 3R_1 I_l^2}{3V_l I_l}\right)\right\}^{M_1}}{\left\{((V_{nüve} \cdot \rho_{çelik} \cdot M_{kg-fiyat}) + (V_{Cu} \cdot \rho_{Cu} \cdot M_{kg-fiyat}))^{M_2} \left(\dfrac{P_{ha} - P_{hak}}{P_{ha}}\right)^{M_3}\right\}} \quad (5.30)$$

5.4. Tasarım ve Optimizasyon Sonuçları

Geliştirilen tasarım ve iteratif optimizasyon yazılımıyla giriş tasarım parametrelerine bağlı tasarım optimizasyon sonuçları Çizelge 5.3'de sunulmuştur. Optimizasyon öncesi ilk tasarım sonuçlarını elde etmek için kullanılan giriş tasarım parametreleri de Çizelge 5.2'de sunulmuştur. Bu değerler kullanılarak lineer indüksiyon motorun geometrik modeli iki boyutlu olarak sonlu elemanlar analizi için oluşturulmuştur. Çizelge 5.2'deki giriş tasarım parametrelerine karşılık hesaplanan motor geometrik boyut değerleri iteratif optimizasyon sürecinden sonra dört farklı durumda incelenmiştir. Elde edilen sonuçlar Çizelge 5.3'de sunulmuştur. Birinci durumda verimde % 43 iyileşme sağlanırken ağırlık % 2 azalmıştır, ikinci durumda verimde % 38 iyileşme sağlanırken ağırlık % 8 azalmıştır, üçüncü durumda verimde % 28 iyileşme sağlanırken ağırlık % 3 azalmıştır ve dördüncü durumda verimde % 51 iyileşme sağlanırken ağırlık % 13 azalmıştır.

Çizelge 5.2. Giriş tasarım parametreleri

Giriş Tasarım Parametresi ve Birimi	**Değer**
Alüminyum Kalınlığı (metre)	0,003
Faz sayısı	3
Hat Gerilimi (Volt)	380
Oluk başına/Kutup başına/Faz sayısı	1
Çalışma frekansı (Hz)	50
Kutup sayısı	4
Kayma değeri	0.11
Rotor hızı (metre/saniye)	6 m/s
Stator genişliği (metre)	0,111
İtme kuvveti (Newton)	410 N
Oluk doluluk oranı	%55
Çalışma sıcaklığı C°	60 C°
Yığın faktörü	0,93
Stator Boyunduruk akı yoğunluğu (Tesla)	1,1 T
Stator diş akı yoğunluğu (Tesla)	1,5 T

Çizelge 5.3. Optimizasyon sonuçları

Çıkış Parametreleri	**M_1=1, M_2=M_3=0 1.Durum**		**M_1=0, M_2= M_3=1 2.Durum**		**M_1= M_2=0, M_3=1 3.Durum**		**M_1= M_2= M_3=1 4.Durum**	
	İlk değer	**Son değer**	**İlk değer**	**Son değer**	**İlk değer**	**Son değer**	**İlk değer**	**Son değer**
Kutup adımı (m)	0,0606	0,0606	0,0606	0,0585	0,0606	0,0585	0,0606	0,0601
Oluk adımı (m)	0,0215	0,0215	0,0215	0,0215	0,0215	0,0215	0,0215	0,0215
Stator uzunluğu (m)	0,4646	0,4646	0,4646	0,4444	0,4646	0,4444	0,4646	0,4545
Oluk genişliği (m)	0,0080	0,0080	0,0080	0,0079	0,0080	0,0079	0,0080	0,0073

Diş genişliği (m)	0,0122	0,0120	0,0122	0,0120	0,0122	0,0120	0,0122	0,0111
Oluk derinliği(m)	0,0094	0,0091	0,0094	0,0061	0,0094	0,0061	0,0094	0,0068
İtme kuvveti (N)	477,52	664,32	477,52	532,13	477,52	732,13	477,52	444,34
Nüve boyunduruk yüksekliği (m)	0,0108	0,0088	0,0108	0,0088	0,0108	0,0098	0,0108	0,0096
Çıkış gücü (Watt)	1165,2	2175,4	1165,2	1989,4	1165,2	1089,4	1165,2	2011,3
Giriş gücü (Watt)	4370,3	4370,3	4370,3	4370,3	4370,3	3370,3	4370,3	3970,3
Verim %*CosΦ	0,2665	0,4977	0,2665	0,4551	0,2665	0,3231	0,2665	0,5065
Sargı bakır ağırlığı (kg)	40,77	40,13	40,77	33,13	40,77	38,13	40,77	32,13
Nüve ağırlığı (kg)	43,1	42,1	43,1	42,1	43,1	42,1	43,1	42,22
Toplam ağırlık (kg)	83,87	82,23	83,87	75,23	83,87	80,23	83,87	74,35

5.5. Elektromanyetik Fırlatıcı Dinamik Analizi

Geliştirilen programda lineer indüksiyon motorun dinamik denklemleri kullanılarak motorun dinamik analizi için bir ara yüz geliştirilmiştir. Çalışmada kullanılan lineer motorun dinamik eşitlikleri Eş. 5.31, 5.32, 5.33, 5.34, 5.35, 5.36, 5.37, 5.38, 5.39, 5.40, 5.41, 5.42, 5.43, 5.44, 5.45 ve 5.46'da gösterilmiştir.

$$V_r = R_r i_r + \frac{d}{dt}\left(L_r i_r + M_{ry} i_y + M_{rb} i_b + M_{rs} i_s\right) \tag{5.31}$$

$$V_y = R_y i_y + \frac{d}{dt}\left(M_{yr} i_r + L_y i_y + M_{yb} i_b + M_{ys} i_s\right) \tag{5.32}$$

$$V_b = R_b i_b + \frac{d}{dt}\left(M_{br} i_r + M_{by} i_y + L_b i_b + + M_{bs} i_s\right) \tag{5.33}$$

$$O = R_s i_s + \frac{d}{dt}\left(M_{sr} i_r + M_{sy} i_y + M_{sb} i_b + L_s i_s\right) \tag{5.34}$$

$$M\frac{di}{dt} + i \cdot V_x \frac{dM}{dx} \tag{5.35}$$

$$[V] = [R] \bullet [i] + V_x \cdot \frac{d}{dx}[M] \bullet [i] + \left[M \bullet \left[\frac{di}{dt} \right] \right] \tag{5.36}$$

$$[V] = [V_r, V_y, V_b, O]^T \tag{5.37}$$

$$[i] = [i_r, i_y, i_b, i_s]^T \tag{5.38}$$

$$[M] = \begin{bmatrix} L_r & M_{ry} & M_{rb} & M_{rs} \\ M_{ry} & L_y & M_{yb} & M_{ys} \\ M_{rb} & M_{yb} & L_b & M_{bs} \\ M_{rs} & M_{ys} & M_{bs} & M_s \end{bmatrix} \tag{5.39}$$

$$\left[\frac{di}{dt} \right] = [M]^{-1} \left\{ [V] - [R] \bullet [i] - V_x \cdot \frac{d}{dx}[M] \cdot [i] \right\} \tag{5.40}$$

$$F_s = \frac{1}{2}[i]^T \cdot \left[\frac{dM}{dx} \right] \cdot [i] \tag{5.41}$$

$$[\lambda]_{n-} = [M]\cdot[i]_{n-}$$

$$\left(\lambda_y - \lambda_b\right)_{n+} = \left(\lambda_y - \lambda_b\right)_{n-}$$

$$\begin{matrix} \lambda_{1n+} & \lambda_{1n-} \\ \bullet & \bullet \\ \bullet & \bullet \\ \bullet & \bullet \\ \lambda_{mn+} & \lambda_{mn-} \end{matrix} \qquad (5.42)$$

$$[\lambda]_{n+} = [M],\ [i]_{n+} \qquad (5.43)$$

$$[\lambda]_{n+} = \left[\left(\lambda_y - \lambda_b\right)_{n+}\ ,\ \lambda_{1n+}\ ,\ ....\lambda_{mn+}\right]^T \qquad (5.44)$$

$$[i]_{n+} = \left[i_{yn+}\ ,\ i_{1n+}\ ,\ ....i_{mn+}\right]^T \qquad (5.45)$$

$$[M] = \begin{bmatrix} \left(L_y + L_b - 2M_{yb}\right) & \left(M_{y1} - M_{b1}\right) & \cdots & \left(M_{ym} - M_{bm}\right) \\ \left(M_{y1} - M_{b1}\right) & L_1 & \cdots & M_{1m} \\ \vdots & & & \vdots \\ \left(M_{ym} - M_{bm}\right) & \cdots & \cdots & L_m \end{bmatrix} \qquad (5.46)$$

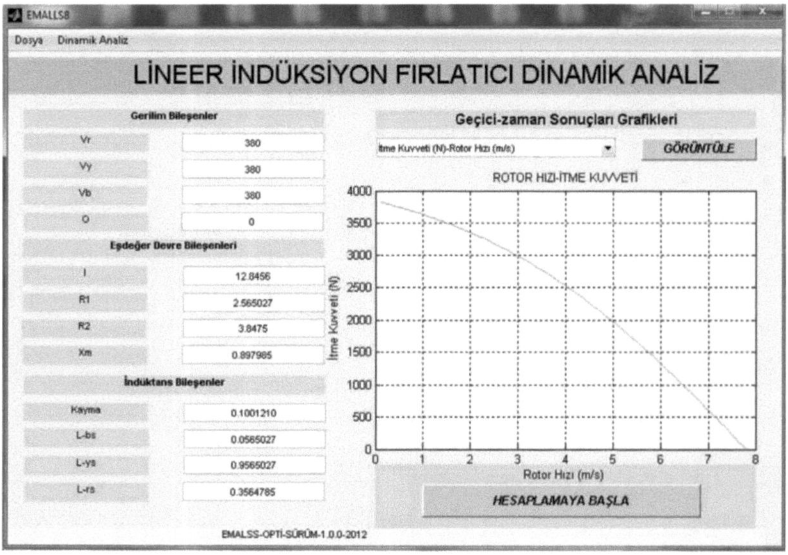

Şekil 5.17. Lineer indüksiyon fırlatıcı dinamik analiz ekranı

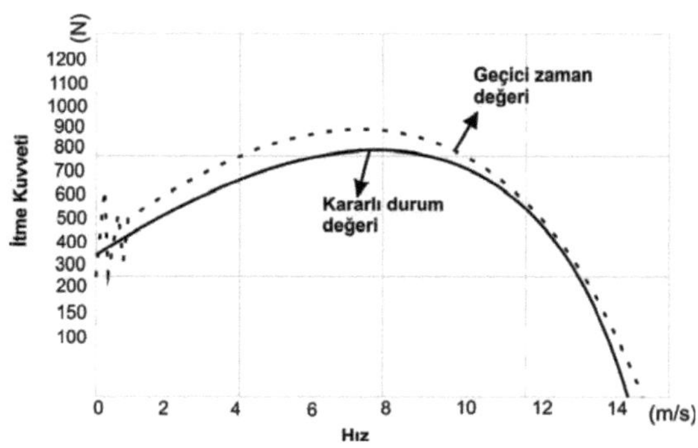

Şekil 5.18. Geçici zaman kararlı durum hız-itme kuvveti eğrileri

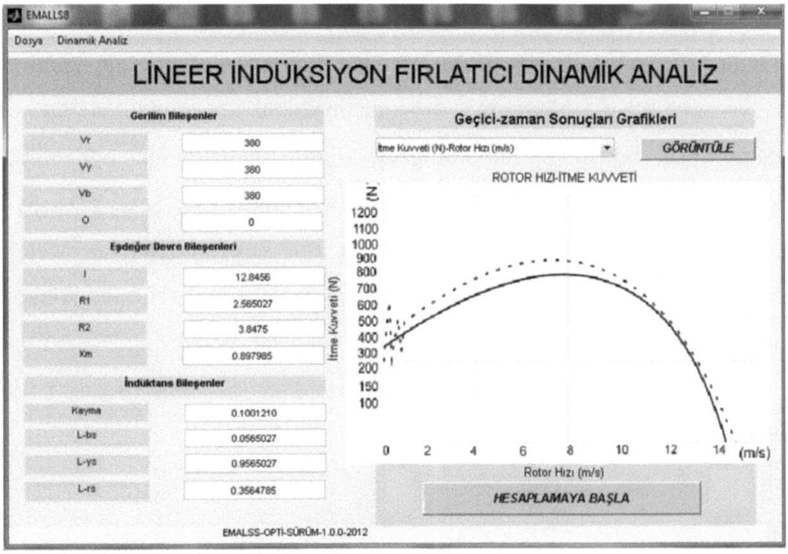

Şekil 5.19. Lineer indüksiyon motor geçici zaman analiz grafik sonuç ekranı

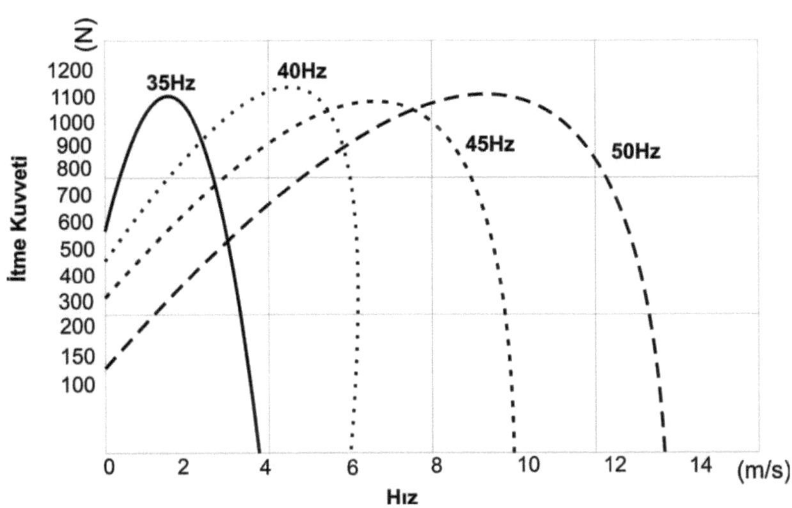

Şekil 5.20. Farklı frekanslarda hız-itme kuvveti değişimi

Şekil 5.17 de lineer indüksiyon motor fırlatıcı dinamik analiz ekranı görülmektedir. Bu ekranda tasarım sonuç değerlerinden elde edilen eşdeğer devre parametreleri, gerilim ve indüktansı bileşenleri hesaplanmaktadır. Hesaplatılan bu değerler kullanılarak lineer indüksiyon motorun geçici durum analizleri elde edilebilmektedir. Elde edilen sonuçlar grafik olarak ekranda gösterilmektedir. Şekil 5.18 de kararlı durum ve geçici durumda rotor hızına karşılık itme kuvveti değişimi incelenmiştir. Şekil 5.19 da lineer indüksiyon motor geçici zaman analiz grafik sonuç ekranı görülmektedir. Bu ekranda geçici durum analiz sonuçları grafik olarak sunulmaktadır. Şekil 5.20 de ise motorun farklı frekanslardaki hız-itme kuvveti değişimi incelenmiştir.

6. ELEKTROMANYETİK FIRLATICI MEKANİK TASARIM

6.1. Giriş

Bu çalışmada lineer indüksiyon motorun elektromanyetik fırlatıcı olarak kullanılmasına yönelik çalışmalar yapılmıştır. Geliştirilen yazılım sayesinde önce tasarım giriş parametreleri kullanılarak analitik hesaplamalar sonucunda tek taraflı lineer indüksiyon motora ait geometrik boyut değerleri elde edilmiştir. Sonrasında yapılan boyut optimizasyon çalışmaları ile elde edilen yeni boyut değerleri kullanılarak sonlu elemanlar metodu yardımı ile sistemin benzetimi yapılmıştır.

Benzetim sonuçları ile optimizasyon sonuçlarının kullanılabilirliği doğrulanmıştır. Bu veriler kullanılarak en az elektromanyetik ve elektrik modeli kadar önemli olan mekanik tasarım ortaya çıkarılmıştır. Mekanik tasarım yapılırken aşağıdaki unsurlara dikkat edilmiştir.

- Sistem mobil olabilmeli, montajı ve de-montajı kolay olmalı,
- Çok fazla bakım gerektirmemeli,
- Sistem mümkün olduğu kadar hafif olmalı,
- Ani itme kuvvetleri için mekanik bir sönümleme sistemi olmalı,
- Yalıtım sınıfı açık havada çalışabilecek şekilde olmalı,
- Yataklar sisteme paralel olacak şekilde hareketi engelleyici olmamalı

6.2. Üç Boyutlu Mekanik Tasarım

Yukarıda belirtilen mekanik tasarım kriterlerinden yola çıkarak şekil 6.1 ve şekil 6.2 de üç boyutlu modeli verilen sistem mekanik tasarımı gerçekleştirilmiştir. Sistemin mekanik tasarımında Autocad ve Solidworks paket programları kullanılmıştır. Mekanik tasarımda elektromanyetik akı dağılımını etkileyecek kaynak, oyuk gibi durumların oluşmamasına azami ölçüde dikkat edilmiştir.

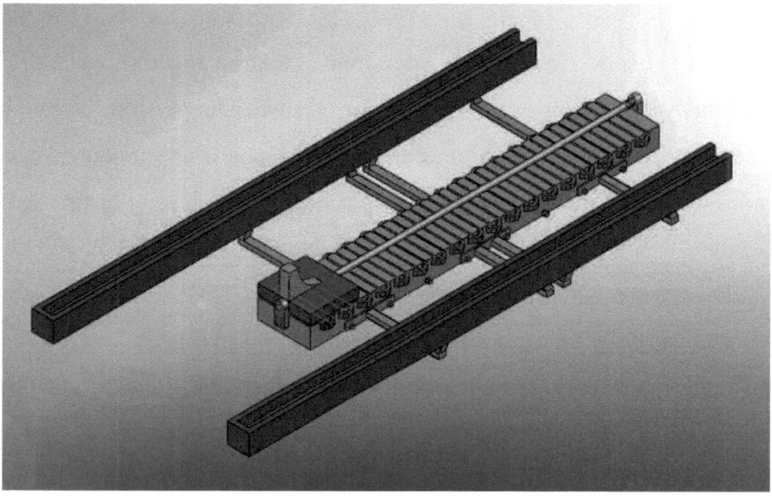

Şekil 6.1. Fırlatma sistemi üç boyutlu mekanik tasarım

Şekil 6.2. Fırlatma sistemi üç boyutlu tasarım görüntüsü

Şekil 6.3. Fırlatma sistemi lineer yatak ve reaksiyon plakası

Tasarlanan fırlatma sisteminde hareketin yönüne uygun olan ve elektromanyetik alandan en az etkilenecek bir lineer yatak tercih edilmiştir. Lineer yatak fırlatma sistemi üzerindeki reaksiyon plakasını taşımaktadır. Reaksiyon plakası stator yüzeyine bakan kısmı 3 mm kalınlığında alüminyum tabaka ile kaplıdır. Ayrıca reaksiyon plakası üzerine fırlatma unsurunu kolaylaştıracağı düşünülerek insansız hava aracı tekerlerine uygun kavisli bir parça eklenmiştir. Şekil 6.3 ve 6.4 de görülmektedir.

Şekil 6.4. Fırlatma sistemi reaksiyon plakası gösterimi

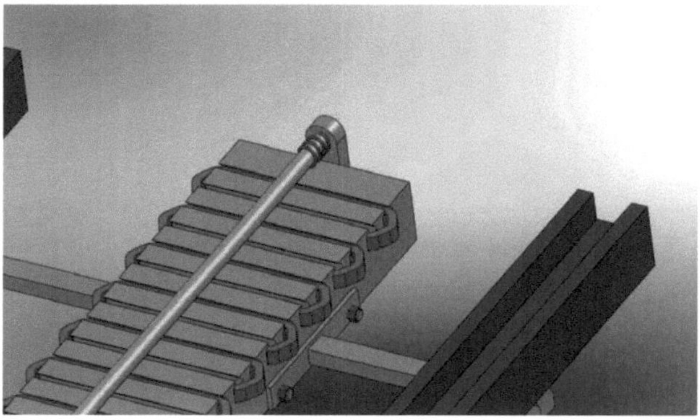

Şekil 6.5 Fırlatma sistemi mekanik sönümleme yayı

Fırlatma sisteminde ani itme hareketlerine karşı koruma amaçlı tasarlanan sönümleme yayında $F=k*x$ eşitliğinden yararlanılmıştır. Burada kuvvet 410 N ve sönümleme yayı uzunluğu 9 cm olduğuna göre k=44,44 olan bir yay seçilmiştir. Ayrıca bu yay itme ve hareket yönüne bağlı olarak lineer indüksiyon motor son uç noktasına sabitlenmiştir. Şekil 6.5 de görülebilir. Buna ek olarak reaksiyon plakasının lineer yatak üzerine yerleşimi şekil 6.6 da görülebilir.

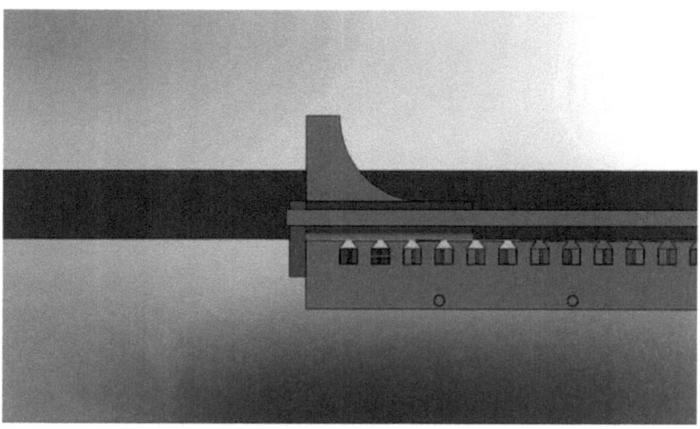

Şekil 6.6. Lineer yatak üzerinde reaksiyon plakası gösterimi

6.3. İmalat Resimleri

Fırlatma sisteminde aşamalı olarak öncelikle geometrik boyutlar elde edildi, akabinde iyileştirme çalışmaları ve mekanik tasarımdan sonra sistemin üretilebilmesi için imalat resimlerinin ortaya çıkarılması gerekmektedir. Tasarım ne kadar iyi olursa olsun üretilemeyecek bir sonuç ortaya çıkardığında çok bir anlam ifade etmemektedir. Bu nedenle endüstride üretimde kullanılan pres, kaynak, kesme ve diğer mekanik ekipman hakkında da bilgi sahibi olmak gerekmektedir.

Stator laminasyonlu sacdan imal edilmektedir. Her bir sacın kalınlığı 0,50 mm'dir. 45 cm'lik bir yığın elde edebilmek için yaklaşık 900 adet laminasyonlu saca ihtiyaç vardır. Şekil 6.7 de stator laminasyon sacı imalat resmi görülebilir.

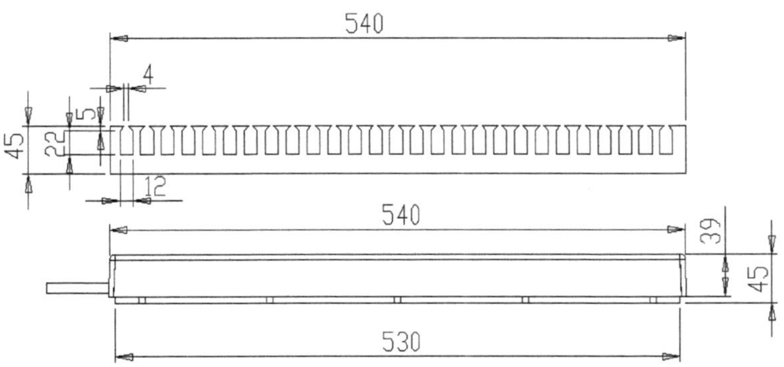

Şekil 6.7. Stator laminasyon çeliği imalat resmi

Ayrıca stator laminasyon sacları imal edildikten sonra pres için hazırlanması gerekmektedir. Çoğu zaman bu işlem için bir kalıba ihtiyaç duyulmaktadır. Şekil 6.8 de stator yığın arka görüntüsü görülebilir.

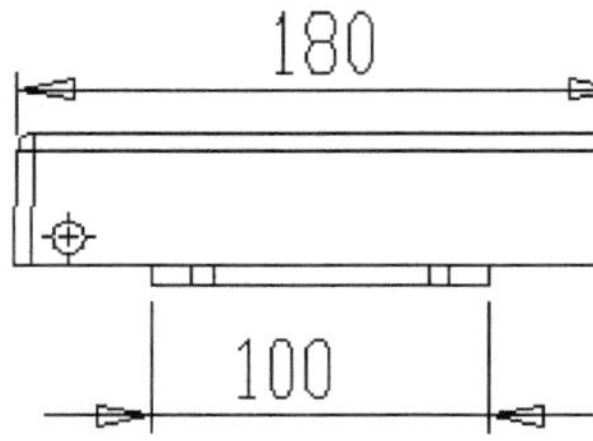

Şekil 6.8. Stator laminasyon arka görüntüsü

Şekil 6.9 da statorun sabitleme delikleri ve bu oyuklar arasındaki mesafe görülebilmektedir. Motorun kullanım amacına uygun olarak yüksek bir mukavemet elde etmek için sabitleme oyukları fazla tutulmuştur.

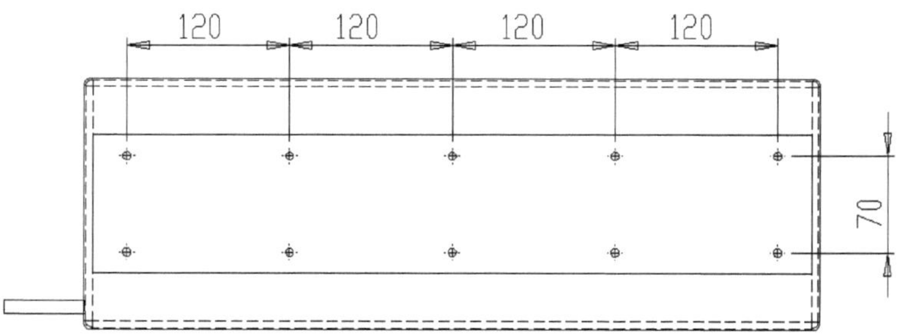

Şekil 6.9. Stator sabitleme oyukları gösterimi

Şekil 6.10 da görüleceği üzere reaksiyon plakası iki farklı malzemeden oluşmaktadır. Birincisi dökme çelik ve ikincisi stator yüzeyine bakan kısım alüminyum kaplama olarak tasarlanmıştır.

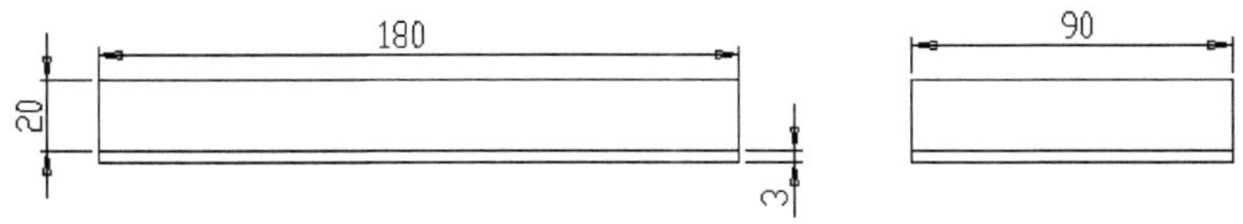

Şekil 6.10 Reaksiyon plakası imalat resmi gösterimi

7. ELEKTROMANYETİK FIRLATICI UYGULAMA ÖRNEĞİ

7.1. Giriş

Bu çalışmada insansız hava araçları fırlatma sisteminde kullanılmak üzere tek taraflı lineer indüksiyon motor tasarımı ve tasarım yazılımı geliştirilmiştir. Geliştirilen tasarım yazılımında ayrıca iteratif boyut optimizasyonu yapabilen bir algoritma kullanılmıştır. Buna ek olarak endüstride ve akademide kullanılan optimizasyon teknikleri incelenmiştir. Elektromanyetik fırlatma sistemi tasarımı yapılmış ve yapılan tasarımın iyileştirilmesi için ardışıl karma değişken değiştirme yöntemi ve nonlineer programlama yoluyla tasarlanan lineer indüksiyon motor optimize edilmiştir. Ayrıca tasarlanan motorda performansa direk etki eden birkaç parametre farklı tasarımlarda incelenmiş ve sonuçlar sunulmuştur.

Çizelge 7.1. Giriş tasarım değişkenleri değeri

Giriş Tasarım Parametresi ve Birimi	Tasarım-1	Tasarım-2	Tasarım-3
Alüminyum Kalınlığı (metre)	0,003	0,0025	0,0035
Faz sayısı	3	3	3
Hat Gerilimi (Volt)	380	380	380
Oluk başına/Kutup başına/Faz sayısı	1	1	1
Çalışma frekansı (Hz)	50	50	50
Kutup sayısı	4	6	8
Kayma değeri	0,05	0,1	0,01
Rotor hızı (metre/saniye)	6 m/s	6 m/s	6 m/s
Stator genişliği (metre)	0,121	0,119	0,117
İtme kuvveti (Newton)	410 N	410 N	410 N
Oluk doluluk oranı	%55	%55	%55
Çalışma sıcaklığı C°	60 C°	60 C°	60 C°
Yığın faktörü	0,93	0,93	0,93
Stator Boyunduruk akı yoğunluğu (Tesla)	1,1 T	1,1 T	1,1 T
Stator diş akı yoğunluğu (Tesla)	1,5 T	1,7 T	1,9 T

Çizelge 7.1 de gösterildiği üzere üç farklı giriş tasarım parametre değerleri belirlenmiştir. Bu değerlere göre önce analitik tasarım sonra optimizasyon yapılmıştır. İlk değerler ve son değerler çalışmada sunulmuştur. Reaksiyon plakası alüminyum kalınlığı, kutup sayısı, stator diş akı yoğunluğu, stator nüve genişliği ve kayma değerleri değişken olarak seçilmiştir. Diğer tüm koşullar tasarımlarda sabittir.

Çizelge 7.2. Tasarım çıkış parametreleri sonuçları (Tasarım–1 için)

Çıkış Parametreleri	**M_1=1, M_2=M_3=0 1.Durum**		**M_1=0, M_2= M_3=1 2.Durum**		**M_1= M_2=0, M_3=1 3.Durum**		**M_1= M_2= M_3=1 4.Durum**	
	İlk değer	**Son değer**	**İlk değer**	**Son değer**	**İlk değer**	**Son değer**	**İlk değer**	**Son değer**
Kutup adımı (m)	0,0606	0,0606	0,0606	0,0585	0,0606	0,0585	0,0606	0,0601
Oluk adımı (m)	0,0215	0,0215	0,0215	0,0215	0,0215	0,0215	0,0215	0,0215
Stator uzunluğu (m)	0,4646	0,4646	0,4646	0,4444	0,4646	0,4444	0,4646	0,4545
Oluk genişliği (m)	0,0080	0,0080	0,0080	0,0079	0,0080	0,0079	0,0080	0,0073
Diş genişliği (m)	0,0122	0,0120	0,0122	0,0120	0,0122	0,0120	0,0122	0,0111
Oluk derinliği (m)	0,0094	0,0091	0,0094	0,0061	0,0094	0,0061	0,0094	0,0068
İtme kuvveti (N)	477,52	664,32	477,52	532,13	477,52	732,13	477,52	444,34
Nüve boyunduruk yüksekliği (m)	0,0108	0,0088	0,0108	0,0088	0,0108	0,0098	0,0108	0,0096
Çıkış gücü (Watt)	1165,2	2175,4	1165,2	1989,4	1165,2	1089,4	1165,2	2011,3
Giriş gücü (Watt)	4370,3	4370,3	4370,3	4370,3	4370,3	3370,3	4370,3	3970,3
Verim %*CosΦ	0,2665	0,4977	0,2665	0,4551	0,2665	0,3231	0,2665	0,5065
Sargı bakır ağırlığı (kg)	40,77	40,13	40,77	33,13	40,77	38,13	40,77	32,13
Nüve ağırlığı (kg)	43,1	42,1	43,1	42,1	43,1	42,1	43,1	42,22
Toplam ağırlık (kg)	83,87	82,23	83,87	75,23	83,87	80,23	83,87	74,35

Giriş tasarım parametreleri Tasarım–1 için tasarım çıkış parametreleri çizelge 7.2 de sunulmuştur. İlk değer ifadesi analitik tasarım sonucu değerini, son değer ifadesi ise ilgili duruma göre optimizasyon sonuç değerini göstermektedir. Çizelgede dört farklı tasarım sonucu vardır. Bu tasarımlar kullanılan optimizasyon durum kısıt şartına göre farklı sonuçlar vermiştir. Ağırlık ve verim olarak en iyi sonuç dördüncü durumda elde edilmiştir. İteratif optimizasyon tekniğinde boyut parametreleri genel olarak iyileştirilmiştir.

Yapılan optimizasyonlarda uç etki faktörünün direk olarak tasarım sonuçlarına etkisi çok büyüktür. Çünkü üçüncü durumda sadece amaç fonksiyonu olarak 1/uç etki faktörü değeri kullanılmış ve sonuçlar ilk iki duruma göre daha iyi çıkmıştır. Yapılan çalışmalarda en iyi sonuç ise dördüncü durumda yani amaç fonksiyonun tüm parametreleri hesaba dâhil edildiğinde alınmıştır. Verim değeri yaklaşık iki katına çıkmış ve toplam ağırlık dokuz kilogram azalmıştır. Azalmanın çoğu bakır kullanımında olduğu için buna bağlı olarak bakır kayıpları da azalmıştır ve verim yükselmiştir.

Çizelge 7.3. Tasarım çıkış parametreleri sonuçları (Tasarım–2 için)

Çıkış Parametreleri	**M_1=1, M_2= M_3=0 1.Durum**		**M_1=0, M_2= M_3=1 2.Durum**		**M_1= M_2=0, M_3=1 3.Durum**		**M_1= M_2= M_3=1 4.Durum**	
	İlk değer	**Son değer**	**İlk değer**	**Son değer**	**İlk değer**	**Son değer**	**İlk değer**	**Son değer**
Kutup adımı (m)	0,0596	0,0596	0,0596	0,0585	0,0596	0,0585	0,0596	0,0601
Oluk adımı (m)	0,0225	0,0225	0,0225	0,0225	0,0225	0,0215	0,0225	0,0215
Stator uzunluğu (m)	0,4646	0,4646	0,4646	0,4444	0,4646	0,4444	0,4646	0,4545
Oluk genişliği (m)	0,0122	0,0120	0,0122	0,0120	0,0122	0,0120	0,0122	0,0111
Diş genişliği (m)	0,0080	0,0080	0,0080	0,0079	0,0080	0,0079	0,0080	0,0073
Oluk derinliği (m)	0,0104	0,0091	0,0104	0,0061	0,0104	0,0061	0,0104	0,0068
İtme kuvveti (N)	421,52	664,32	421,52	532,13	421,52	732,13	421,52	444,34
Nüve boyunduruk yüksekliği (m)	0,0108	0,0088	0,0108	0,0088	0,0108	0,0098	0,0108	0,0096
Çıkış gücü (Watt)	1565,2	2175,4	1565,2	1989,4	1565,2	1089,4	1565,2	2011,3
Giriş gücü (Watt)	5370,3	4370,3	5370,3	4370,3	5370,3	3370,3	5370,3	3970,3

Verim %*CosΦ	0,3465	0,4977	0,3465	0,4551	0,3465	0,3931	0,3965	0,5065
Sargı bakır ağırlığı (kg)	21,77	20,13	21,77	19,13	21,77	18,13	21,77	18,13
Nüve ağırlığı (kg)	32,1	32,1	32,1	32,1	32,1	32,1	32,1	32,22
Toplam ağırlık (kg)	53,87	52,23	53,87	51,23	53,87	50,23	53,87	50,35

Çizelge 7.3 de gösterilen değerler incelendiğinde görülmektedir ki oluk genişliği diş genişliğinden büyüktür. Oluk genişliği/diş genişliği değerinin daha önce yapılan iyi tasarımlarda %50 gibi bir oranda olduğu bilinmektedir. Tasarımların kalitesini arttırmak için bu oranı yakalamak önemlidir. Bu oranı değiştirmek için analitik tasarımdaki minimum diş genişliği değerinin değişmesi gerekmektedir. Verim$\cdot$Cosϕ değeri incelendiğinde ise ki bu direk motor performansını ifade eden parametrelerdendir, genel olarak dört farklı durumda da iyileştiği ancak dördüncü durumda elde edilen Verim$\cdot$Cosϕ =0,5065 değerinin olabilecek maksimum iyileşme değeri olarak ortaya çıktığı görülebilir. Genel olarak toplam malzeme kullanımı yani ağırlık dört durum içinde çizelge 7.2'deki sonuçlara göre iyileşmiştir. Bu durumun temel sebebi giriş tasarım parametrelerinde reaksiyon plakası alüminyum kalınlığının azalması ve nüve boyunduruk doyma manyetik akı değerinin yükselmesi ile alakalıdır. *B-H* karakteristiği daha iyi malzeme kullanımı daha küçük hacim ve ağırlık ile sonuçlanmaktadır.

Çizelge 7.4. Tasarım çıkış parametreleri sonuçları (Tasarım–3 için)

Çıkış Parametreleri	**M_1=1, M_2= M_3=0 1.Durum**		**M_1=0, M_2= M_3=1 2.Durum**		**M_1= M_2=0, M_3=1 3.Durum**		**M_1= M_2= M_3=1 4.Durum**	
	İlk değer	**Son değer**	**İlk değer**	**Son değer**	**İlk değer**	**Son değer**	**İlk değer**	**Son değer**
Kutup adımı (m)	0.0684	0,0616	0.0684	0,0594	0.0684	0,0602	0.0684	0,0601
Oluk adımı (m)	0.0225	0,0215	0.0225	0,0215	0.0225	0,0215	0.0225	0,0215
Stator uzunluğu (m)	0.5467	0,5432	0.5467	0,5432	0.5467	0,5432	0.5467	0,5432
Oluk genişliği	0.0084	0,0080	0.0084	0,0079	0.0084	0,0079	0.0084	0,0073

(m)								
Diş genişliği (m)	0.0041	0,0120	0.0041	0,0120	0.0041	0,0120	0.0041	0,0111
Oluk derinliği (m)	0.0058	0,0091	0.0058	0,0061	0.0058	0,0061	0.0058	0,0068
İtme kuvveti (N)	488,68	664,32	488,68	532,13	488,68	732,13	488,68	444,34
Nüve boyunduruk yüksekliği (m)	0.0151	0,0088	0.0151	0,0088	0.0151	0,0098	0.0151	0,0096
Çıkış gücü (Watt)	4321.2	4121.2	4321.2	4121.2	4321.2	4221.2	4321.2	4421.2
Giriş gücü (Watt)	6123.7	6023.0	6123.7	6023.1	6123.1	6023.7	6123.2	6003.7
Verim %*CosΦ	0.665	0.687	0.665	0.685	0.665	0.705	0.665	0.745
Sargı bakır ağırlığı (kg)	21.19	40,13	40,77	33,13	40,77	38,13	40,77	32,13
Nüve ağırlığı (kg)	37.23	42,1	43,1	42,1	43,1	42,1	43,1	42,22
Toplam ağırlık (kg)	58.42	82,23	83,87	75,23	83,87	80,23	83,87	74,35

Çizelge 7.4 de görüleceği üzere minimum diş genişliği değeri değiştirildiğinde optimizasyon sonuçlarında diş genişliği değeri oluk genişliği değerinden büyük olmuştur. Aralarındaki oran %50–66 arasında değişmektedir. Bu da göstermektedir ki elde edilen tasarım sonuç değerleri literatürde daha önce elde edilen tasarım değerleri ile uyum içerisindedir. Ancak motor performans parametrelerinden Verim$\cdot$Cosϕ değeri incelendiğinde motor performansının çizelge 7.3 deki değerlere göre %30–35 aralığında iyileştiği ancak tasarımda kullanılan malzeme miktarının da toplamda arttığı görülebilir. Bunun nedeni ise giriş tasarım parametrelerinde reaksiyon plakası alüminyum kalınlığının artması ve stator genişliğinin artması olarak söylenebilir. Buradan giriş tasarım parametrelerindeki bir parametrenin bile değişiminin lineer indüksiyon motor sonuçlarını doğrudan etkilediği anlaşılmaktadır. Ayrıca optimizasyon işleminde ağırlığın minimum ve verimin maksimum olduğu nokta aynı nokta üzerinde kesişmemektedir. Bu iki değerin kesiştiği orta nokta bizim ideal ve üretilebilir tasarım olarak adlandırdığımız noktadır.

7.2. Deneysel Uygulama Sonuçları

Tasarımı gerçekleştirilen sisteme ait Matlab Simulink ortamında deneysel sonuçlar ile kıyaslayabilmek için sistemin Simulink modeli oluşturulmuştur. Şekil 7.1 de görülebilir. Deneysel olarak elde edilen sonuçlar ile benzetim sonuçları karşılaştırılmıştır. Tasarlanan motorun itme kuvveti ve hız değerleri farklı yük ağırlıklarında hem benzetim hem de deneysel olarak incelenmiştir. Yük ağırlıkları olarak 1 kg, 5 kg, 10 kg, 15 kg, 20 kg ve 25 kg ağırlıklar kullanılmıştır.

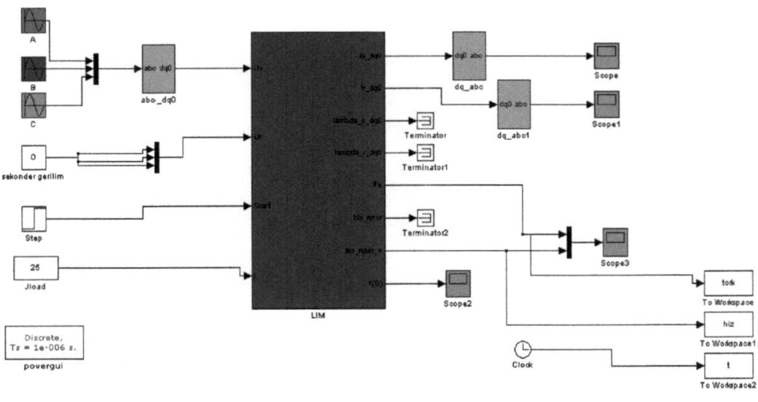

Şekil 7.1. Lineer indüksiyon motor simulink modeli

Oluşturulan modelde lineer indüksiyon motor dinamik eşitlikleri kullanılmıştır. Bu eşitlikler motor stator ve rotor akısı, gerilim eşitlikleri, akım eşitlikleri, itme kuvveti eşitlikleri, uç etkisi değeri ve hareket eşitlikleridir [68]. Deneysel sistemin blok şeması şekil 7.2 de görülebilir.

Şekil 7.2. Deneysel çalışma blok şeması

Şekil 7.3. Lineer indüksiyon motor genel görünümü

Şekil 7.4. Lineer indüksiyon motor sargı ve stator görünümü

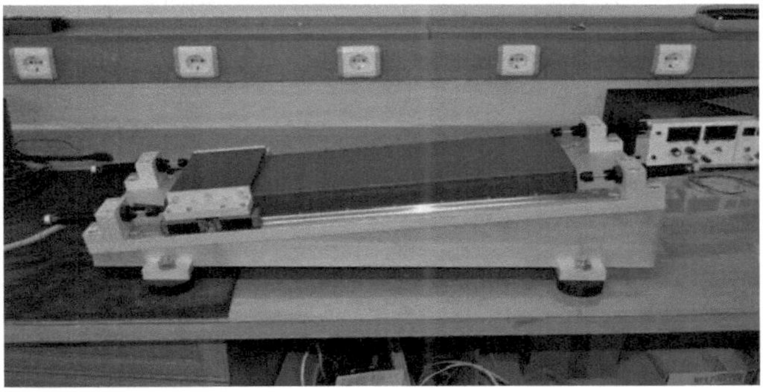

(a)

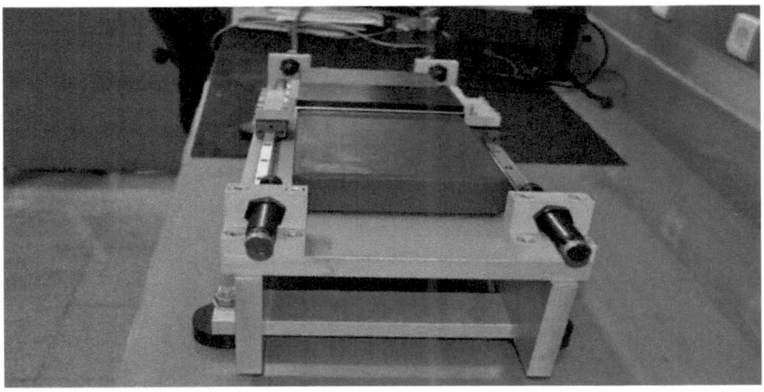

(b)

(c)

Şekil 7.5. Deneysel uygulama genel görünüm (a) yan görünüm, (b) ön görünüm, (c) arka görünüm

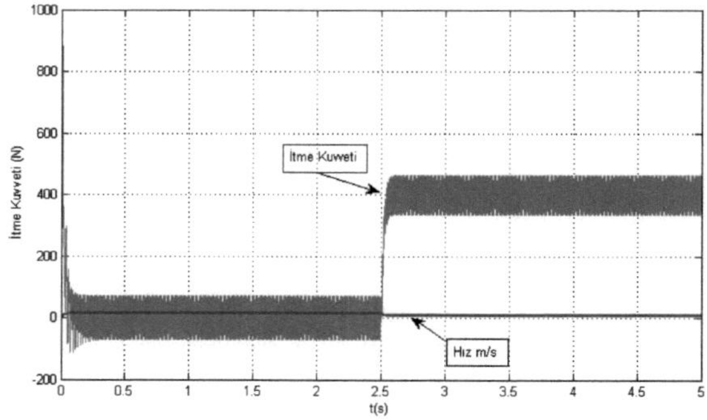

Şekil 7.6. Hız-İtme kuvveti benzetim sonucu yük ağırlığı 1 kg

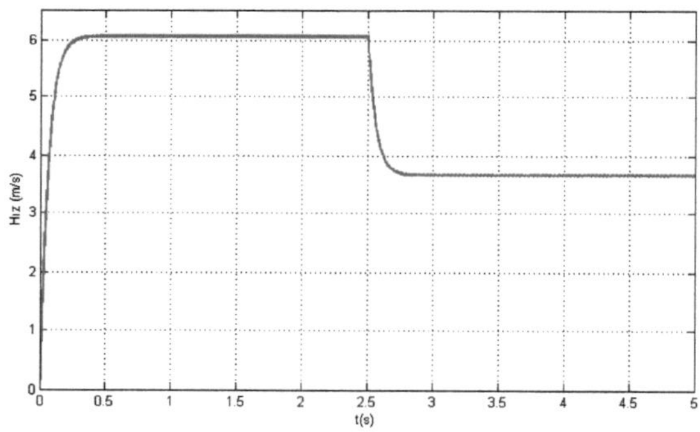

Şekil 7.7. Hız değişimi yük ağırlığı 1 kg

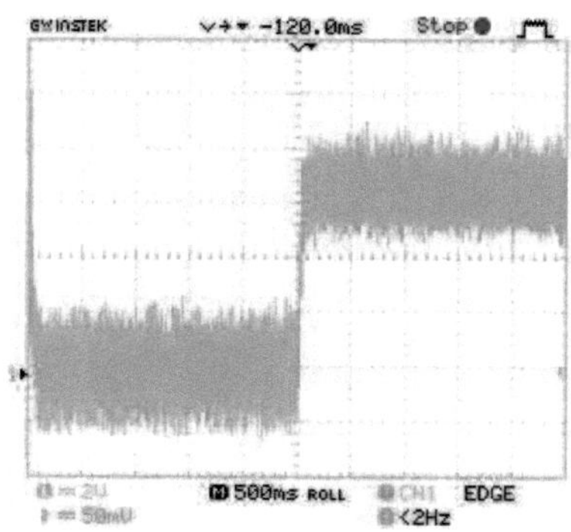

Şekil 7.8. İtme kuvveti değişimi yük ağırlığı 1 kg

Şekil 7.6 da hız itme kuvveti değişimi 1 kg yük altında gerçekleştirilmiştir. Benzetim de yük motora 2,5 sn.de uygulanmıştır. Benzetim sonucunda motor yük altında istenilen 400 N'luk itme kuvveti değerini üretmiştir. Motorun hızı ise yük altında yaklaşık 2 m/s azalmıştır. Bu durum şekil 7.7 de görülebilir. Yapılan deneysel uygulamada motorun itme kuvveti değişiminin osiloskop görüntüsü şekil 7.8 de verilmiştir. Şekil 7.8 ile şekil 7.6 karşılaştırıldığında benzetim sonucu ile uygulama sonucunun benzer özellikte olduğu görülebilir.

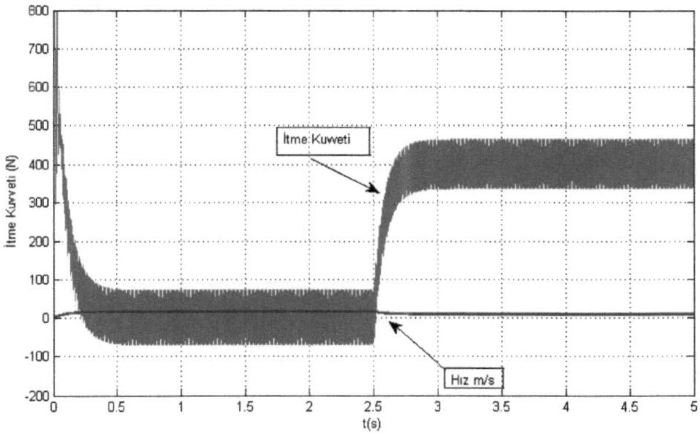

Şekil 7.9. Hız-İtme kuvveti benzetim sonucu yük ağırlığı 5 kg.

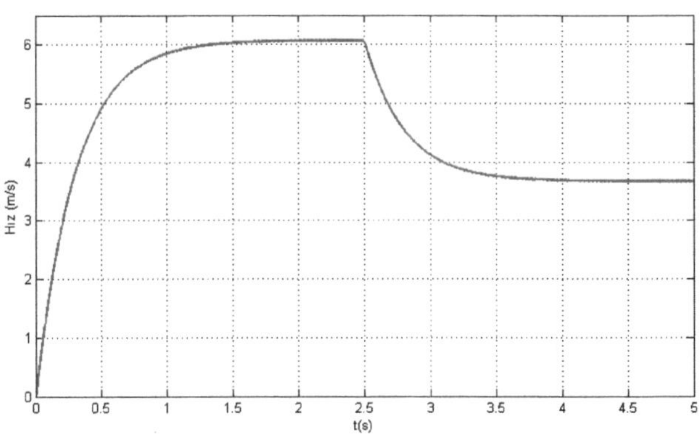

Şekil 7.10. Hız değişimi yük ağırlığı 5 kg

Şekil 7.9 de hız itme kuvveti değişimi 5 kg yük altında gerçekleştirilmiştir. Benzetim sonucunda motor yük altında istenilen 400 N'luk itme kuvveti değerini üretmiştir. Motorun hızı ise yük altında yaklaşık 2 m/s azalmıştır. Bu durum şekil 7.10 de görülebilir. Yapılan deneysel uygulamada motorun itme kuvveti değişiminin osiloskop görüntüsü şekil 7.11 de verilmiştir. Şekil 7.9 ile şekil 7.11 karşılaştırıldığında benzetim sonucu ile uygulama sonucunun benzer özellikte olduğu görülebilir.

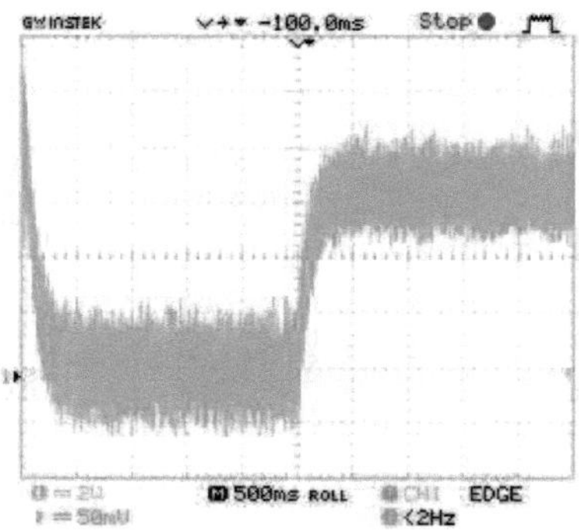

Şekil 7.11. İtme kuvveti değişimi yük ağırlığı 5 kg

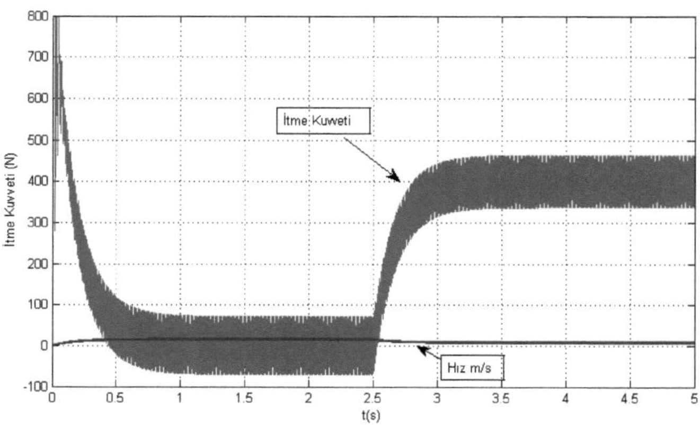

Şekil 7.12. Hız-İtme kuvveti benzetim sonucu yük ağırlığı 10 kg

Şekil 7.12 de hız itme kuvveti değişimi 10 kg yük altında gerçekleştirilmiştir. Benzetim sonucunda motor yük altında istenilen 400 N'luk itme kuvveti değerini üretmiştir. Motorun hızı ise yük altında yaklaşık 2 m/s azalmıştır. Bu durum şekil 7.13 de görülebilir. Yapılan deneysel uygulamada motorun itme kuvveti değişiminin osiloskop görüntüsü şekil 7.14 de verilmiştir. Şekil 7.12 ile şekil 7.14 karşılaştırıldığında benzetim sonucu ile uygulama sonucunun benzer özellikte olduğu görülebilir. Benzetim sonucu ile uygulama arasındaki en büyük fark motorun itme kuvveti değerinin osilasyon içeriyor olmasıdır.

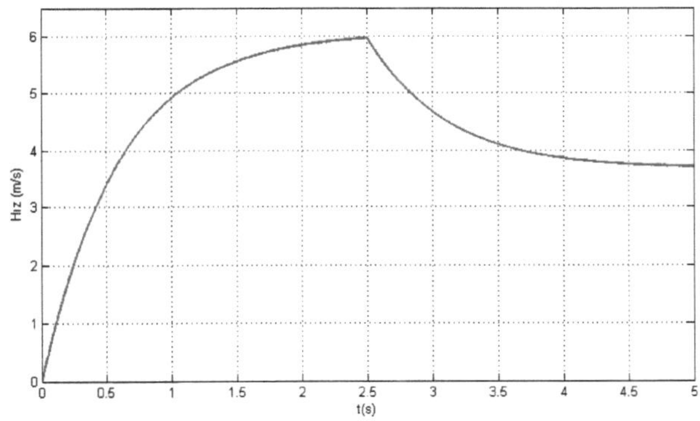

Şekil 7.13. Hız değişimi yük ağırlığı 10 kg

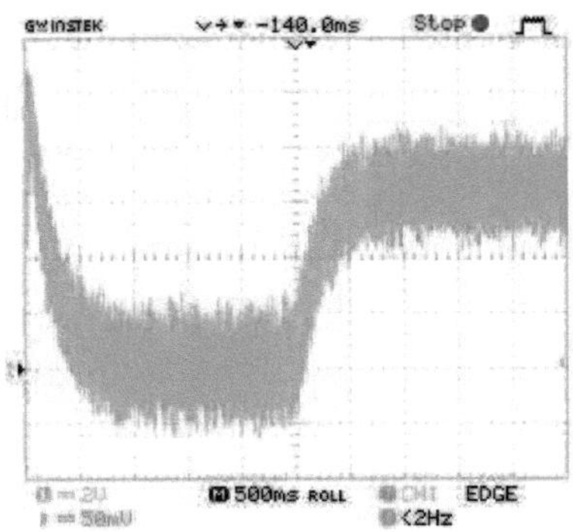

Şekil 7.14. İtme kuvveti değişimi yük ağırlığı 10 kg

Şekil 7.15 de hız itme kuvveti değişimi 15 kg yük altında gerçekleştirilmiştir. Benzetim sonucunda motor yük altında istenilen 400 N'luk itme kuvveti değerini üretmiştir. Motorun hızı ise yük altında yaklaşık 2 m/s azalmıştır. Bu durum şekil 7.16 de görülebilir. Yapılan deneysel uygulamada motorun itme kuvveti değişiminin osiloskop görüntüsü şekil 7.17 de verilmiştir. Şekil 7.15 ile şekil 7.17 karşılaştırıldığında benzetim sonucu ile uygulama sonucunun benzer özellikte olduğu görülebilir. Benzetim sonucu ile uygulama arasındaki en büyük fark motorun itme kuvveti değerinin osilasyon içeriyor olmasıdır. Bu durum doğrudan moment denetimi veya alan yönlendirmeli kontrol ile aşılabilirdir.

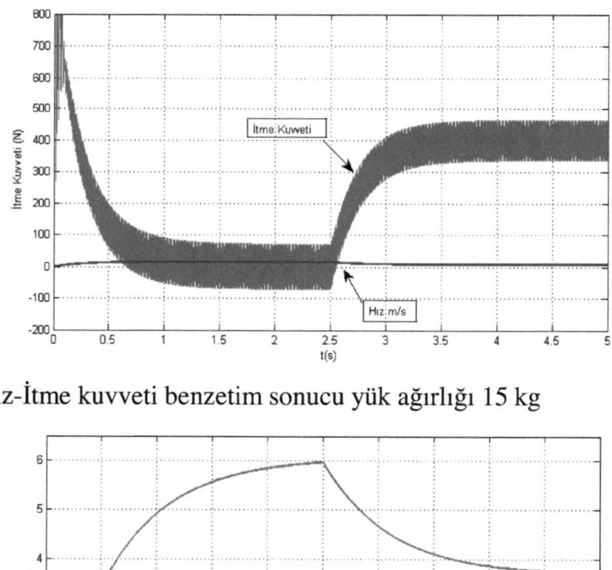

Şekil 7.15. Hız-İtme kuvveti benzetim sonucu yük ağırlığı 15 kg

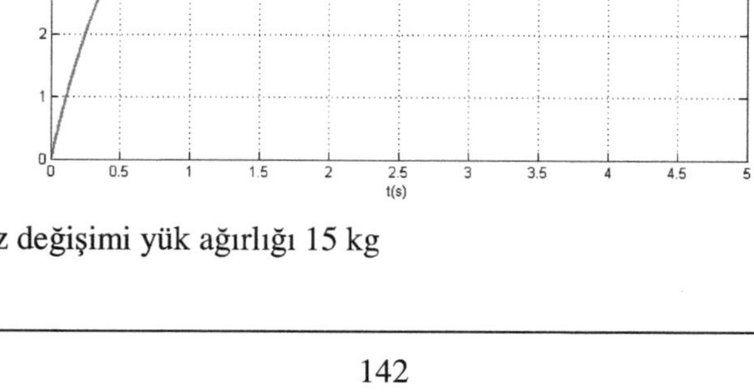

Şekil 7.16. Hız değişimi yük ağırlığı 15 kg

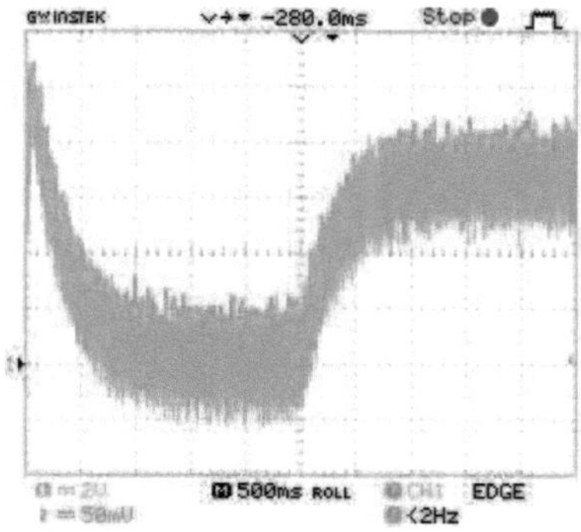

Şekil 7.17. İtme kuvveti değişimi yük ağırlığı 15 kg

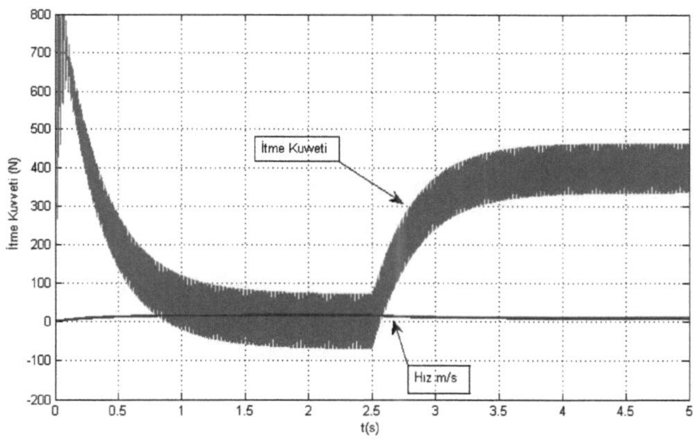

Şekil 7.18. Hız-İtme kuvveti benzetim sonucu yük ağırlığı 20 kg

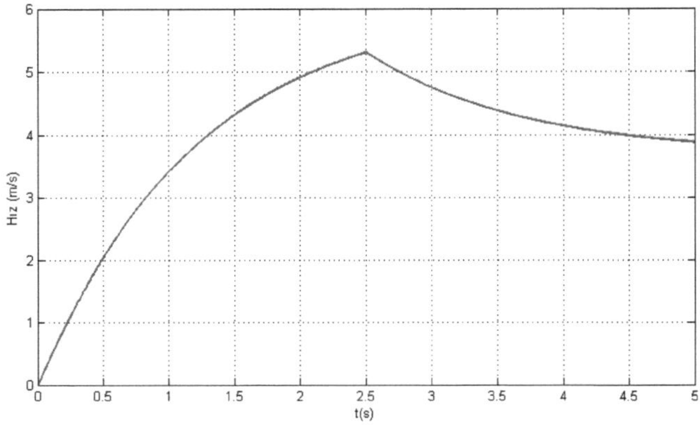

Şekil 7.19. Hız değişimi yük ağırlığı 20 kg

Şekil 7.18 de hız itme kuvveti değişimi 20 kg yük altında gerçekleştirilmiştir. Benzetim sonucunda motor yük altında istenilen 400 N'luk itme kuvveti değerini üretmiştir. Motorun hızı ise yük altında yaklaşık 1 m/s azalmıştır. Bu durum şekil 7.19 da görülebilir. Yapılan deneysel uygulamada motorun itme kuvveti değişiminin osiloskop görüntüsü şekil 7.20 de verilmiştir. Şekil 7.18 ile şekil 7.20 karşılaştırıldığında benzetim sonucu ile uygulama sonucunun benzer özellikte olduğu görülebilir.

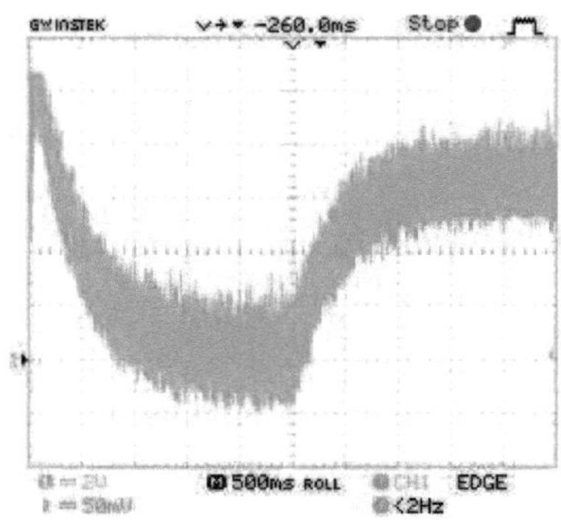

Şekil 7.20. İtme kuvveti değişimi yük ağırlığı 20 kg

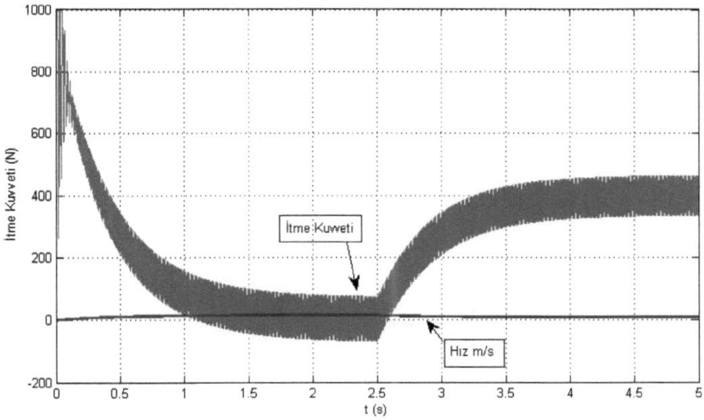

Şekil 7.21. Hız-İtme kuvveti benzetim sonucu yük ağırlığı 25 kg

Şekil 7.21 de hız itme kuvveti değişimi 25 kg yük altında gerçekleştirilmiştir. Benzetim sonucunda motor yük altında istenilen 400 N'luk itme kuvveti değerini üretmiştir. Motorun hızı ise yük altında yaklaşık 1 m/s azalmıştır. Bu durum şekil 7.22 de görülebilir. Yapılan deneysel uygulamada motorun itme kuvveti değişiminin osiloskop görüntüsü şekil 7.23 de verilmiştir. Şekil 7.21 ile şekil 7.23 karşılaştırıldığında benzetim sonucu ile uygulama sonucunun benzer özellikte olduğu görülebilir.

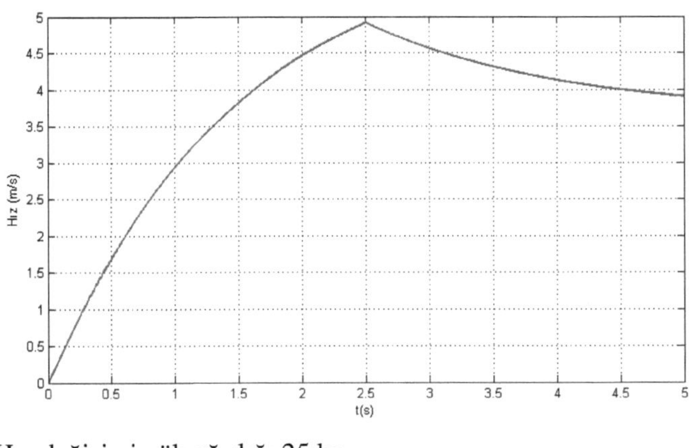

Şekil 7.22. Hız değişimi yük ağırlığı 25 kg

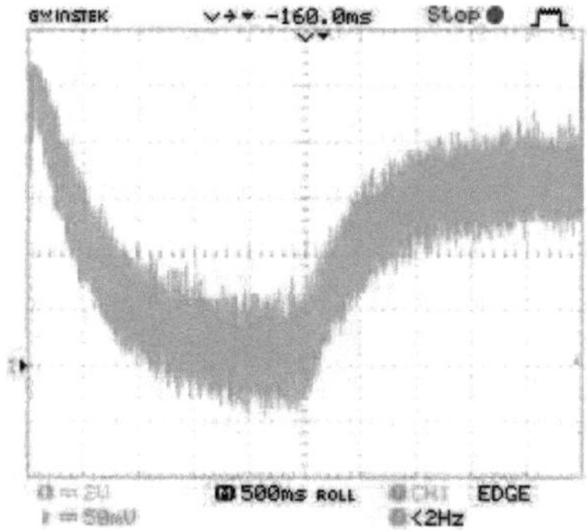

Şekil 7.23. İtme kuvveti değişimi yük ağırlığı 25 kg

Uygulamalar yapılırken literatürde fırlatma sistemleri için sıklıkla kullanılan itme kuvveti ve hızın farklı ağırlıktaki yükler ile değişimi incelenmiştir. Bu şekilde tasarlanan motora ait itme kuvveti ve hız değişimleri farklı ağırlıktaki yükler altında hem benzetim hem de deneysel olarak elde edilmiştir. Genel olarak benzetim sonuçları ile uygulama sonuçları benzerdir. Yüklü çalışmada uygulama sonuçları incelendiğinde benzetimden farklı olarak motorun istenilen itme kuvvetini biraz geç üretebildiği görülmektedir. Bu durum vektör kontrol tekniklerinden doğrudan moment denetimi veya alan yönlendirmeli kontrol ile aşılabilirdir.

7.3. Öneriler ve Tartışma

Bu çalışmada elektromanyetik fırlatıcı sistemde kullanılmak üzere tek taraflı çift yüzey reaksiyon plakalı bir lineer indüksiyon motor tasarımı ve tasarım yazılım programı geliştirilmiştir. Ayrıca geliştirilen program iteratif olarak boyut optimizasyonu yapabilme yeteneğine sahiptir. Programda elektromanyetik, lineer motor eşdeğer devre eşitlikleri ve iteratif bir algoritma kullanılmıştır. Program verilen amaç fonksiyonunu kısıt değerine ulaşmak için sürekli iterasyon yapmaktadır.

Çok ağır hesaplama yükü getirdiği için bazı özel durumlar geliştirilen algoritmada kullanılmamıştır. Benzetim çalışmalarında ise yatak, vidalar vb. unsurlar benzetim modeli dışında tutulmuştur. Çünkü bu durumlar sonuca çok büyük etkisi olmadığı gibi hesaplama zamanını da çok fazla uzatmaktadır. Hali hazırda çok fazla yazılım geliştirme programı bulunmaktadır. Ancak matematik altyapısı çok kuvvetli olan ve tasarım süreci gibi çok fazla karmaşık hesaplama ihtiyacı olan yerlerde MATLAB programı tercih edilebilmektedir. Her ne kadar grafiksel ara yüz tasarım altyapısı kuvvetli olmasa da kuvvetli matematik altyapısı nedeniyle MATLAB programı tercih edilmiştir.

Geliştirilen program yaklaşık maliyet hesabı da yapabilmektedir. Bunun için lineer motora ait hacim, ağırlık ve maliyet fonksiyonları geliştirilmiş ve programda kullanılmıştır. Ayrıca geliştirilen optimizasyon yazılımında bu fonksiyonlar amaç fonksiyonları içinde kullanılarak iyileştirilebilmesi için de kullanılmıştır. Yapılan bu tez çalışmasıyla elde edilen kazanımlar aşağıdaki şekilde sıralanabilir.

- Var olan malzemenin optimum kullanılmasını sağlayacak.
- Hacim başına malzeme kullanımı düşürüldüğünden aktif kayıplar azaltılacak.
- Verim artışı sağlanacak.
- Lineer indüksiyon motor tasarımları için yurtdışına aktarılacak dövizin ülkede kalmasına olanak sağlayabilecek.
- Hazırlanan yazılım sayesinde problem çözümünde zaman kazancı ve daha hassas çözümlerin elde edilmesi sağlanacaktır.
- Buharla çalışan fırlatma sistemlerine ait alternatif bir fırlatma rampa sisteminin oluşturulmuş olması.

Gelecek çalışmalarda sabit mıknatıslı fırlatma sistemleri incelenebilir ve bu sistemler için tasarım yazılımları oluşturulabilir. Buna ek olarak geliştirilen optimizasyon algoritması farklı elektrik makinalarının tasarımında kullanılabilir. Daha ağır araçların fırlatılması için bir test sistemi veya merkezi kurulabilir. Ayrıca uygulamada imalat sürecinde karşılaşılan lineer motor stator laminasyon çeliği birleştirme noktalarında bu çalışmada baskı sonrasında vida ile sabitlenmiştir. Vida bağlantı noktalarında kuvvette vuruntu meydana gelmiştir. Bu durum araştırılabilir.

KAYNAKLAR

1. Gürdal, O. "Elektromanyetik Alan Teorisi", ***Nobel Yayın Dağıtım***, Türkiye, Ankara, ISBN 975-591-178-2, (2000).

2. Gürdal, O. "Elektrik Makinalarının Tasarımı", ***Atlas Yayın Dağıtım,*** Türkiye, Ankara, ISBN 975-6574-07-0, (2001).

3. Nasar, S.A. and Boldea, I., "Linear Electric Motors", ***Prentice-Hall, Inc.***, Englewood Cliffs, New Jersey, (1987).

4. Le Genie, C. Zehden, A. "Electrical traction independent of adhesion and "Travelling wave electric traction equipment,", ***French patent 321602***, 381-382, June 2, (1901).

5. Zelenay, Rosenfeld, and Dulait, "Travelling wave applied to electric railways", ***French patent 318634***, Feb. 12, (1902).

6. Rosenfeld and Zelenay, "Tangential traction," ***Bull. Ass. Ing. Mantefiore***, 3(1): 214-238, (1903).

7. Birkeland, K., "Electric railways", ***Norwegian Patents 11228 and 13052***, Apr. 22, 1902, and, Apr. 23, (1903).

8. Westinghouse Engineer, "A wound rotor, 1400 feet long,", ***Westinghouse press***, 160-161, Sept. (1946).

9. Jones, M.F., "Three phase linear motor catapult system," ***U.S.Patent 2 404 984***, July 30, (1946).

10. Hermant, C., "Improvements to the linear induction electromagnetic pumps," ***Bull. Soc. Fr. Elec.***, 163-178, (1960).

11. Laithwaite, E.R., "Induction machines for special purposes", ***Chemical publishing Company, Inc.,*** New York, (1966).

12. Yamamura, S., "Theory of Linear Induction Motors", 2nd Edition, ***John Wiley &Sons, Inc.,*** New York, (1979).

13. Poloujadoff, M., "The theory of Linear Induction Machinery", ***Oxford University Press, Inc.,*** New York, (1980).

14.Boldea, I. and Nasar, S.A., "Linear Motion Electromagnetic systems", ***John Wiley 89 & Sons, Inc.,*** New York, (1985).

15.Gieras, J.F., "Linear Induction Drives", ***Oxford University Press, Inc.,*** New York (1994).

16.Pai, R.M. Boldea, I. Nasar, S.A. "A complete equivalent circuit of a linear induction motor with sheet secondary", ***IEEE Transactions on Magnetics***, 24(1): 639 – 654, (1988).

17.Adamiak, K. Ananthasivam, K. Dawson, G.E. Eastham, A.R. Gieras, J.F. "The causes and consequences of phase unbalance in single-sided linear induction motors" ***IEEE Transactions on Magnetics***, 24(6): 3223–3233, (1988).

18.Zhang, Z. Eastham, T.R. "LIM dynamic performance assessment parameter identification" ***Industry Applications Society,*** 1(2): 295 – 300, (1993).

19.Laithwaite, E. R. "Adapting a linear induction motor for the acceleration of large masses to high velocities" ***IEE Electric Power Applications***, 142(4): 262 – 268, (1995).

20.Simone, G.A. Creppe, R.C. de Souza, C. "The thrust and the Relation Factor kr in linear induction machines" ***IEEE Electric Machines and Drives Conference Record***, 136(2): 111-113, (1997).

21.Tachino, K. Amei, K. Maeda, T. Sakui, M. "Characteristics of two-phase levitated linear induction motor", ***IEEE Conference on Power Electronics and Drive Systems***, 1(2): 281 – 285, (1999).

22.Fair, H. D. "Indroduction to Electromagnetic Launcher", ***IEEE Transaction on Magnetics***, 22(1): 1379-1386, (1986).

23.Fair, H. D. "Hypervelocity hyperkinetic energy weapons", ***Mil. Technol. Vol XIV***, 39–55, (1990).

24.Poloujadoff, M. "Linear induction machines", ***IEEE Spectrum Part II–Applications,*** 77-86, March (1971).

25.Lee, C.H. and Chin, C.Y. "A Theoretical Analysis of Linear Induction Motors", ***IEEE Transactions on Power Apparatus and Systems***, 98(4): 679-688, (1979).

26.Katz, R.M. Eastham, A. R. Dawson,G.E. "Integrated Magnetic Suspension and Propulsion of Guided Ground Transportation Vehicle with a SLIM", ***IEEE Transaction on Magnetics***, 6(1): 1437-1439, (1979).

27.Xu, W., Sun, G., Li, Y. "Research on Performance Characteristics of Linear Induction Motor", ***IEEE Proceedings***, 86-89, (2007).

28.Isfahani, A.H. Ebrahimi, B.M. Lesani, H. "Design Optimization of a Low-Speed Single-Sided Linear Induction Motor for Improved Efficiency and Power Factor". ***IEEE Transactions on Magnetics***, 44(1): 266-272, (2008).

29.Headquarters, Department of The USA Army, "Army Unmanned Aırcraft System Operatıons", ***FMI 3-04.155***, 20-138, April (2006).

30.Still, A. and Sisikind, C.S., "Elements of Electrical Machine Design", ***McGraw-Hill Book Company, Inc.,*** New York, (1954).

31.Sarma, M. "Electric Machines – Steady-State Theory and Dynamic Performance", ***WM.C.Brown Publishers***, Dubuque, Iowa, (1985).

32.Stephen J. C. "Electric Machinery Fundamentals", ***McGraw-Hill***, (1999).

33.Hoang, V. N. "Design of Single-Sided Linear Induction Motor", ***Bachelor of Electrical Engineering Project, School of Information Technology and Electrical Engineering***, University of Queensland, (2003).

34.Bhamidi, S. P. "Desıgn of a Sıngle Sıded Lınear Inductıon Motor (Slım) Usıng a User Interactıve Computer Program", ***Master Thesiss of Electrical Engineering Project, School of Information Technology and Electrical Engineering***, University of Missouri-Columbia, (2005).

35.Fujii, N. "Second Order Sensitivity Analysis for a Class of Shape Optimization Problems", 0-7803-1328-3, ***IEEE Transactions On Magnetics,*** (1994).

36.Fujii, N., "Second variation and its application in a domain optimization problem", in ***Proceedings of the 4th IFAC Symposium on Control of Distributed Parameter Systems,*** Los Angeles, 431-436, (1986).

37.Fujii, N., "Second-order necessary conditions in a domain optimization problem", ***Journal of Optimization Theory and Applications,*** 65(2): 223-244, (1990).

38.Fujii, N., "Domain optimization problems with a boundary value problem as a constraint", in ***Proceedings* of *the 4th IFAC Symposium on Control of Distributed Parameter Systems,*** Los angeles, 49, (1986).

39. Pham, T.H. ve Hoole, H. "Comparison of Vector Potential and Flux Density Based Object Functions in Magnetic Shape Optimization", ***IEEE Trans. On Magnetics,*** 32(3): 326-332, (1996).

40.Yoon, S-Baeck. "Shape Optimization Of Selenoid Actuator Using The Fenite Element Method And Numerical Optimization Technique", ***IEEE Transactions On Magnetics,*** 33(5): 121-128, (1997).

41.Shiyou, Y. ve Guangzheng, N. "Shape optimization of ole Shoes in Harmonic Exciting Synchronous Generators Using a Stochastic Algorithm", ***IEEE Transactions On Magnetics,*** 33(2): 1920-1923, (1997).

42.Arora, J.S.,"Computational Design Optimization:A Review and Future Directions." ***Structural Safety,*** 7(2): 131-148, (1990),

43.Gieras .F.J. ve Wing M. "Permanent Magnet Motor Technology", ***Mc Graw Hill,*** New York, (1999).

44.Arora, J.S., "Introduction to Optimum Design", ***McGraw-Hill***, New York, (1989).

45.Andersen, O.W. "Optimized Design of Salient Pole Synchronous Generators", ***Record of ICEM–2000***, Espoo, Finland, 987–989, August 28–30, (2000).

46.Besnerais, J.L.; Lanfranchi, V.; Hecquet, M.; Brochet, P. "Multiobjective Optimization of Induction Machines Including Mixed Variables and Noise Minimization", ***IEEE Transactions on Magnetics***, 44(6): 1102 - 1105, (2008).

47.Xie, D. Sun, X. Bai, "Multiobjective Optimization Based on ResponseSurface Model and Its Application to Engineering Shape Design" ***IEEE Transactions on Magnetics***, 44(6): 1006 – 1009, (2008).

48.Parent, G.; Dular, P.; Ducreux, J.-P.; Piriou, F. "Using a Galerkin Projection Method for Coupled Problems" ***IEEE Transactions on Magnetics,*** 44(6): 830 – 833, (2008).

49.Pahl G. ve Beitz W., “Engiinering Design – Systematic Approach”, ***Springer-Verlag***, London, (1996).

50.Roozenburg N. ve Gero J. S., “Product Design : Fundemantals and Methods”, ***John Wiley & Sons Inc***, (1995).

51.Coelho, R. “Multicriteria Optimization with Expert Rules for Mechanical Design”, ***International Journal for Numerical Methods in Engiineering,*** 5(2): 537-543, (2004).

52.Reynolds, D., McConnachie, J., Bettess, P., Christe, W.C. ve Bull, J.W. “Reverse Adaptivity- A new evolutianory tool for structural optimization”, ***International Journal for Numerical Methods in Engiineering,*** 5(5): 529-552, (1999).

53. Ansoft Corporation Maxwell 3D&2D, Optimetrics® ve RMXPRT help files, “Setting Up An Optimization Problem”, “Getting Started with Maxwell and Rmxprt” ***Ansoft Corporation***, U.K. (2006).

54.Koh, C.S. Hahn, S.Y. Chung, T.K. ve Fung, H.K. "A sensitivity analysis using boundary element method for shape optimization of electromagnetic devices," ***IEEE Trans. on Mag.,*** 28(2): 1577-1580, (1992).

55.Weeber, K. ve Hoole, S.R.H. "The subregion method in field analysis and design optimization," ***IEEE Trans.On Mag.*** 28(2): 1561-1564, (1992).

56.Enokizono, M. Totaka, T. ve Eioh, H. "Three dimensional boundary element method with shape modification," ***International Journal of Applied Electromagnetics in Materials,*** 7(4): 73-79, (1991).

57.Kim, D.-H. ve Lee, S.-H., “Derivation of a general sensitivity formula for shape optimization of 2-D magnetostatic systems by continuum approach,” ***IEEE Trans.On Magn.***, 38(1): 1125–1258, (2002).

58.Bastos, J.P.A. ve Sadowski, N., “Electromagnetic Modeling By Fenite Element Method” , Universidade Federal De Santa Catarina Florianopolis, Brazil, ***McGraw-Hill***, New York, ISBN 0-8247-4269-9, (2003).

59.Rong, R. ve Lowther, D. A. . "Applying response surface methodology in the design and optimization of electromagnetic devices," ***IEEE Trans. Magn.,*** 33(2): 1916–1919, (1997).

60.Ryu, J.S. Yao,Y. ve Koh,*C.S*. "Optimal Shape Design of 3-D Nonlinear Electromagnetic Devices Using Parameterized Design Sensitivity Analysis", ***IEEE Transactions On Magnetics,*** 41(5): 1792—1795, (2005).

61.Kim, D-H. Ship, K. S. ve Sykulski, J. K." Applying Continuum Design Sensitivity Analysis Combined With Standard EM Software to Shape Optimization in Magnetostatic Problems" ***IEEE Transactions On Magnetics,*** 40(2): 1156-1159, (2004).

62.Schlemmer, E. Harb, W. Lichtenecker, G. Muller, F. ve Kleinhaentz, R. "Optimization of Large Salient Pole Generators Using Evolution Strategies and Genetic Algoritms", ***Record of ICEM–2000***, Espoo, Finland, 33(2): 1030–1034. (2000).

63.Wenjiang Y. "Potential Development of Linear Motors for Unmanned Air Vehicles", ***IEEE Transactions on Applied Superconductivity***, 20(3): 1856 – 1859, (2010).

64.Becherini, G. Di Fraia, S. Tellini, B. "Design of Multistage Linear Induction Motor used as electromagnetic catapult", ***Power Electronics Electrical Drives Automation and Motion (SPEEDAM)***, 32(1): 1063 – 1068, (2010).

65.Junyong Lu, "Research on Two Types of Linear Machines for Covert Airstrip Electromagnetic Catapult", ***IEEE Transactions on Plasma Science***, 39(1): 105-109, (2011).

66.Becherini, G. "Analysis of the Dynamic Behavior of a Linear Induction Type Catapult", ***IEEE Transactions on Plasma Science***, 39(1): 59-64, (2012).

67.Gerçek, A. S, "Analytical design software for single-sided linear induction motor" ***PhD Thesis, Electrical and Electronic Engineering, University of Gaziantep***, (2009).

68.Susluoglu, B. Karslı, V. "Direct thrust controlled linear induction motor including end effect", ***IEEE International Power Electronics and Motion Conference***, 850-854, (2008).

MIX
Papier aus verantwortungsvollen Quellen
Paper from responsible sources
FSC® C105338

Printed by Books on Demand GmbH, Norderstedt / Germany